苏州大学国家级一流本科专业建设成果

视 觉 传 达 设 计
必 修 课

Visual
Communication
Design
Compulsory
Course

包装设计

方　敏　丛书主编
杨朝辉　王远远　张　磊　编著

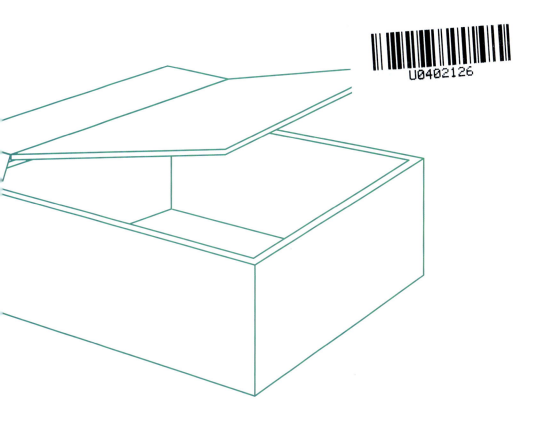

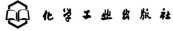

化 学 工 业 出 版 社
·北京·

丛书编委会名单

丛书主编： 方 敏

编委会成员： 杨朝辉　李　壮　毛金凤　王远远　夏　琪　周倩倩　刘露婷
　　　　　　　王亚亚　吴秀珍　项天舒　张　磊

内容提要

本书主要以案例解读为主，列举了大量的经典包装和时代的包装设计案例，结合包装设计的基础知识以及市场情况，对每一种类型的包装案例给予深度解读。除了传统的包装设计理论知识外，书中还添加了现代网络专营商品的包装设计案例与分析。另外，书中每章后面还有专题拓展、思考练习及二维码，可以提供更多案例供读者参考。

本书内容丰富、图文并茂，突出实用案例，可以为广大艺术设计爱好者提供设计参考，也可以作为各艺术设计院校包装设计课程的教材。

图书在版编目（CIP）数据

包装设计/杨朝辉，王远远，张磊编著.—北京：化学工业出版社，2020.6（2024.9重印）

视觉传达设计必修课/方敏主编

ISBN 978-7-122-36576-7

Ⅰ.①包… Ⅱ.①杨…②王…③张… Ⅲ.①包装设计－教材 Ⅳ.①TB482

中国版本图书馆CIP数据核字(2020)第052724号

责任编辑：徐　娟　　　　　　　　版式设计：周倩倩
责任校对：王　静　　　　　　　　封面设计：李　壮　郭子明

出版发行：化学工业出版社有限公司（北京市东城区青年湖南街13号　邮政编码100011）
印　　装：河北京平诚乾印刷有限公司
787mm×1092mm　1/16　印张11½　字数250千字　2024年9月北京第1版第6次印刷

购书咨询：010-64518888　　售后服务：010-64518899
购书网址：http://www.cip.com.cn
凡购买本书，如有缺损质量问题，本社销售中心负责调换。

定　　价：68.00元　　　　　　　　　　　　　　版权所有　违者必究

写在前面的话

"大学之道,在明明德,在亲民,在止于至善。知止而后有定,定而后能静,静而后能安,安而后能虑,虑而后能得。物有本末,事有终始,知所先后,则近道矣。"这句话源自儒学经典《大学》的开篇语,从读书到任教的几十年来,古人的教诲深深铭刻在我心中。

如今,中国艺术设计教育已进入繁荣发展的阶段。俗话说:"好记性不如烂笔头""授人以鱼不如授人以渔"。我相信教育的可贵之处在于经验的传承,诸位编者将多年来教学、研究与实践经验编著成集,希望可以对艺术设计的教育、教学以及广大爱好人群提供有益的参考。

本套丛书命名为"视觉传达设计必修课",意在强调以培养视觉传达设计专业的人才为首要目标,并且为广大爱好者、需求者提供优秀的学习用书和案例参考。从视觉传达设计专业的角度出发,丛书综合以往教学用书的规范与严谨,同时根据时代、市场、审美变化的需求,在素材的选用上与时俱进,力求理论联系实际,突出实用性、趣味性、功能性、时代性和创新性。丛书的编写致力于衔接新时代的设计人才需求,希望对国内外相关的实践与理论研究起到积极的推动作用。

本套丛书共包括《平面构成》《字体设计》《图形创意》《书籍装帧创意与设计》和《包装设计》五本。丛书的作者主要是来自苏州大学艺术学院的教师和校友,由方敏任丛书主编,杨朝辉、李壮、毛金凤、王远远、夏琪、周倩倩、刘露婷、王亚亚、吴秀珍、项天舒、张磊参编,并得到郭子明、陈义文、朱思豪、赵志新、赵武颖、石恒川、蒋浩、薛奕珂等研究生的协助。大家对待书稿认真负责、精诚协作,令我坚信团队的力量必将收获繁花似锦的未来。

在苏州大学艺术学院给予的平台、学院领导的大力支持,同时在化学工业出版社领导和各位工作人员的倾力相助、各位编委的共同努力下,加上几位优秀研究生的紧密协助,本套丛书得以顺利出版。在此,向以上致力于推进中国设计教育事业的专家、同行们致以诚挚的敬意和感谢!

本套丛书编纂环节历经了多次艰难辛苦的探索过程,书中难免有疏漏与不足,敬请广大读者批评指正,便于在以后的再版中改进与完善。

本套丛书是苏州大学国家级一流本科专业建设成果,也是苏州大学艺术学院"江苏高校优势学科(设计学)建设工程项目"的重要成果。

方　敏

苏州大学艺术学院

2020年3月

目 录
CONTENTS

第1章 包装设计概述	01
1.1　包装的定义	04
1.2　包装的作用和要求	06
1.3　包装的分类	11
1.4　专题拓展	16
1.5　思考练习	17

第2章 包装设计的历史及发展	19
2.1　包装设计的历史	21
2.2　包装设计的现状及未来	27
2.3　专题拓展	32
2.4　思考练习	35

第3章 包装设计的平面构成要素	37
3.1　文字	39
3.2　图像	43
3.3　色彩	50
3.4　版面构成设计	60
3.5　专题拓展	71
3.6　思考练习	73

第4章 包装的材料与结构	75
4.1　包装设计的材料	77
4.2　包装设计的结构	90
4.3　专题拓展	106
4.4　思考练习	107

第 5 章　包装的设计方法　　109

　　5.1　包装的设计过程　　111
　　5.2　包装的设计定位　　119
5.3　包装设计的构思方法与切入点　　127
　　5.4　专题拓展　　132
　　5.5　思考练习　　133

第 6 章　包装设计的印刷工艺　　135

　　6.1　包装印刷前电脑绘制　　137
　6.2　包装印刷的种类及加工工艺　　140
　　6.3　数码印刷　　148
　　6.4　专题拓展　　149
　　6.5　思考练习　　151

第 7 章　包装设计的应用规律　　153

　　7.1　系列化包装设计　　155
　7.2　各类商品包装设计应用规律　　161
　　7.3　专题拓展　　175
　　7.4　思考练习　　177

参考文献　　178

后记　　178

第 1 章　包装设计概述

内容关键词：

包装的定义　功能　分类

学习目标：

- 了解包装的基本概念
- 明确包装设计的任务

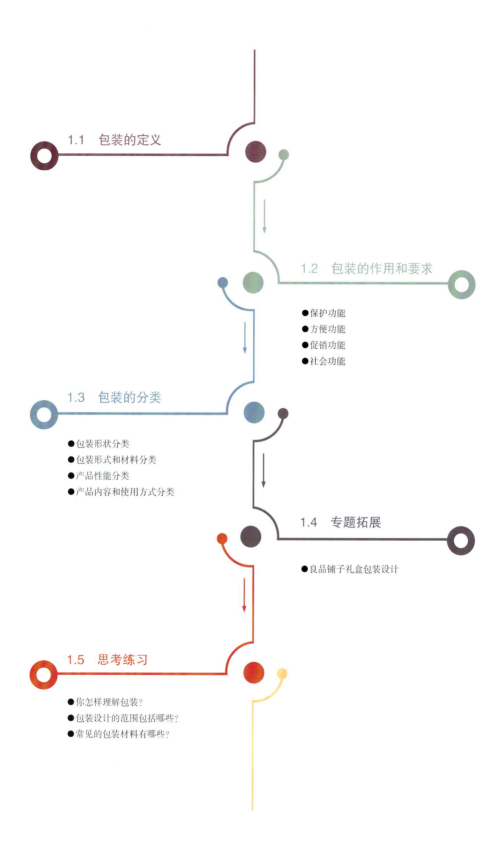

包装随着商品的交换而出现。随着商品经济的发展，包装的功能从最初的保护商品、方便运输，拓展到推销商品、塑造品牌及树立企业形象的范畴。当代包装是品牌理念、产品特性、消费心理的综合反映，它引导了一种生活方式，反映了文化价值的取向，也直接影响到消费者的购买欲望。因此，包装设计的重心已经由物质功能设计向审美功能设计转移，包装是拉近产品与消费者距离的有力手段。包装作为展示商品价值和使用价值的途径，在生产、流通、销售和消费领域中，发挥着极其重要的作用，是企业及设计界不得不关注的重要课题。包装具有保护商品、传达商品信息、方便使用、方便运输、促进销售、提高产品附加值的功能。包装作为一门综合性学科，具有商品性和艺术性相结合的双重性（图1-1、图1-2）。

图1-1　外婆村产品包装设计

图1-2　PRETTY护肤品牌设计

1.1 包装的定义

　　包装的目的是保护商品并使其便于运输、保存。在商品生产出来到销售出去这一中间阶段，包装不仅能传达商品信息，并能提高商品价值，促进销售。提到包装，人们马上就会想到其保护商品的功能。其实，包装魔力的真正体现，是它的促销功能。如今，包装的保护功能在日益弱化，而促销功能却在逐渐加强，包装已经成为企业促销的一个重要工具（图 1-3 ~ 图 1-5）。

图 1-3　你好大海设计公司 ×Muse Chocolate Origins 品牌包装

图 1-4　你好大海设计公司为 THE PUSS 品牌设计的卫生巾包装 "舒适美感 与你共好"

关于包装的基本概念，各国都有各自规范的定义。我国《辞海》中解释包装为：包，包藏、包裹、收纳；装、装束、装载、装饰。《包装通用术语》对包装一词的解释是："为在流通过程中保护产品、方便储存、促进销售，按一定技术方法而采用的容器、材料及辅助物等的总体名称，也指为了达到上述目的在采用容器、材料和辅助物的过程中施加一定技术方法等的操作活动。"

美国《包装用语集》对包装的定义为：包装是产品为运出和销售所做的准备行为。

英国《包装用语》对包装的定义为：包装是为货物的运输和销售所作的艺术、科学和技术上的准备工作。

日本对包装的定义为：包装是使用适当的材料、容器、技术等，便于物品的运输并保护物品的价值，保护物品的原有的形态之形式。

总之，包装是："为便于运输、储存和销售而对产品进行处理的艺术和技术的准备"。现代包装更加注重包装的科学性和技术性。

图1-5　比利时令人瞠目的啤酒插图设计

这款包装属于超现实主义风格，新颖的构图方式和有光泽的色彩，让产品在货架上明显可见的同时保持品牌原有的色调和身份元素。

1.2 包装的作用和要求

1.2.1 保护功能

保护商品不受损和消费者的使用安全是包装设计最根本的出发点。在设计商品包装时，应当根据商品的属性来考虑储藏、运输、展销、携带及使用安全等方面的问题，采取不同的材料、结构、安全保护措施来应对需要。目前，可供选用的材料包括金属、玻璃、陶瓷、塑料、卡纸等。在选择包装材料时，既要保证材料的抗震、抗压、抗拉、抗挤、抗磨性能，还要注意商品的防晒、防潮、防腐、防漏、防燃问题，确保商品在任何情况下都完好无损。食品和饮料占包装商品总数的70%，消费者希望看到产品在保质期内是卫生、安全的。包装在避免产品受损及保护其卫生上起到了至关重要的作用。对于医药用品、化妆品、清洁用品同样如此，良好的包装使这些产品得到保护，在储存和使用期间不变质（图1-6、图1-7）。

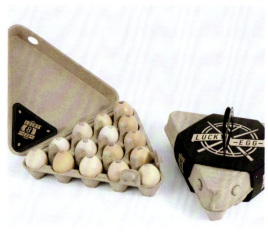

图1-6　鸡蛋包装设计　　　　　　　　　图1-7　鲜花包装设计

图1-6、图1-7所示的鸡蛋和鲜花的包装，主要是为了保护鸡蛋和鲜花。

1.2.2 方便功能

产品从生产、储存、运输、销售到使用的每个环节都能体现包装的便利性，设计包装时应从多个方面考虑问题。①从生产的角度讲，包装的造型和结构应尽量简洁以符合流程化的生产标准，材料的选择需符合造型结构需求，便于机械化生产。②就储存和运输而言，包装设计需要考虑运输工具的内部空间因素以及载荷问题，即在质量、体积等要素上尽量节省空间，同时考虑材料的承重性和存放条件。③销售过程中的便利性则体现在包装可以让消费者迅速筛选出自己需要的产品，使商家易于分类，即在包装设计时，根据不同的消费群体和销售市场做出合理的分类设计。④在使用中，包装的操作程序要简单易于开解，特殊产品应达到开启后仍可以保存的要求。质量、体积也应适当，易于取放。部分包装还要考虑到重复利用和回收方面的问题（图 1-8 ~ 图 1-10）。

图 1-8　方便使用的牛奶盒包装设计

图 1-8 中牛奶的包装设计简洁大方，拧盖式设计，方便使用，即使一次喝不完还可以拧盖便于放置。

图 1-9　方便运输的包装设计

图 1-10　方便开启的包装设计

包装还要便于回收和有效利用。在销售环节中，要根据不同的消费群体和销售市场对包装做出必要的和合理的分类设计。对于不同消费者群体采用的个性化包装设计是为了满足消费者日益增长的个性化需求，同时利于产品的销售。比如饮料和食品的包装设计要满足成员数量不等的消费单位的需要，并为了外出旅行携带，设计出经济实惠的中小瓶装、小袋装等（图 1-11 ~ 图 1-13）。

图 1-11　方便销售的 Proportsya 麦片包装设计

图 1-12　方便运输的沙丁鱼罐头包装

图 1-13　方便开启的包装设计

图 1-12 中的沙丁鱼罐头包装设计规格一致，有助于生产的同时，还有助于集中装箱运输。

1.2.3 促销功能

促进商品销售是包装设计最重要的理念之一。过去人们购买商品时主要依靠售货员的推销和介绍，而现在超市自选成为人们购买商品的最普遍途径。在消费者自主购物过程中，商品包装自然而然地充当着无声的广告或无声的推销员。如果商品包装设计能够吸引广大消费者的视线并充分激发其购买欲望，那么该包装设计就成功体现了促销功能（图1–14）。

包装要向消费者传达产品的类别、性质、容量、使用方法、保质期等信息，从而引导消费者的购买行为，同时更要体现产品的独特性，使商品轻易地达到自我推销的目的，使消费者迅速便捷地选出所需商品。色彩、图形、图像、造型等包装构成要素在设计时要服务于促进销售的理念（图1–15、图1–16）。

图 1-14　故宫文创产品包装设计

图1- 14所示故宫文创产品，以故宫博物院的文化底蕴作为设计灵感来源，在宣传故宫文化的同时也促进了商品的销售。作为商品与销售之间的桥梁，商业包装使商品与消费者之间的关系更加直接而且更具主动性。零售卖场、大型购物中心以及超市的普及，均促使包装设计的视觉效果得到极大的重视。包装设计不仅要注重商品信息的准确传达，更要注重设计形式的多样化。

图 1-15　节日礼盒包装设计

图 1-16　色彩鲜艳的酒瓶包装设计

设计公司 UK-based Agency 与格拉斯哥艺术学院合作，创造了令人惊叹的限量版包装套装（图1-16），庆祝德里盖特啤酒公司的一岁生日。

1.2.4 社会功能

包装的社会功能可以分为以下四个方面：安全性、人性化、艺术性和环保性。

■ **安全性** 包装的安全性体现在如下三个方面。其一，包装材料的选择。包装材料的选择必须符合以下标准及要求：符合卫生标准，使用对人体无害的绿色包装材料，应使用可降解性的材料，利于回收和循环使用，防止环境污染。其二，防伪。包装使用独特的编码、安全封条、防伪标记等措施以防止市场上假冒伪劣产品的出现，比如防止生产假冒伪劣产品的商家在原包装中直接装入假货，或者剽窃知名品牌的包装设计，装入低劣的产品。其三，特殊的产品包装。比如药品，设计上必须要植入大量的可识性元素，让使用者一目了然，避免发生误食药品的安全隐患。再如很多家庭日常用品，像一些有腐蚀性的洗涤剂、杀虫剂等产品的包装，需要考虑其包装的产品对儿童的潜在影响，应采用儿童安全包装设计。提高包装设计的安全性是为了满足消费者日益增长的使用安全需求（图1-17）。

■ **人性化** 优秀的包装设计必须考虑到商品的储藏、运输、展销以及消费者的携带与开启等方方面面的内容。为此，在设计商品包装时，必须要注意包装结构的比例合理、结构严谨、造型精美，重点突出包装的形态与材质美、对比与协调美、节奏与韵律美，形式与功能相结合，从而适合生产、销售及使用。常见的商品包装结构主要有手提式、插口式、有盖式、开窗式、抽屉式和变形式（图1-18）。

图 1-17　具有安全性的包装设计

图 1-18　手提式结构水果包装设计

■ **艺术性** 优秀的包装设计还应当具有完美的艺术性。包装不仅能展示商品，还能美化商品。包装精美、艺术欣赏价值高的商品更容易从大堆商品中跳跃出来，给人以美的享受，从而赢得消费者青睐（图1-19）。

■ **环保性** 现代社会，大众的环保意识普遍提升。在生态环境保护潮流下，只有不污染环境、不损害人体健康的商品包装设计才可能成为消费者最终的选择。特别是在食品包装方面，更应当注重绿色包装。如图1-20所示为环保绿色材料的包装设计，同样美观且具有设计感。

图1-19 具有美感的包装设计　　　　　　　　　　图1-20 环保包装设计

图1-19所示的包装采用了明亮鲜明的色块，各种颜色组合在一起给人一种丰富的视觉感受。

图1-20中采用香蕉叶作为包装，在节约资源的同时宣传了环保理念。

1.3 包装的分类

现代社会产业逐渐细化，商品种类繁多，如食品、药品服装、纺织品、电器、洗化用品等不胜枚举，因此商品的包装也需要呈现多元化的特征，随着社会的不断发展，各种新工艺、新材料不断涌现，观念不断更新，促使商品包装的分类多元化。包装是一类较大的集合总体，对包装进行分类，有利于进行设计管理与分类，便于不同包装行业间的协作和配合，能够使相关的行业标准和法规更加完善，便于包装的教育、研究、学术交流。常见的包装有以下几种分类方式。

1.3.1 包装形状分类

■ **内包装** 内包装是指直接接触内装物的包装。它的主要功能是固定内装物的位置，盛装或保护商品；按照内装物的需要起到防水、防潮、遮光、保质、防变形、防辐射等各种保护作用，如巧克力内层的铝箔纸包装，酒、饮料和化妆品的瓶、罐、盒、袋等容器包装（图1-21）。

■ **个包装** 个包装也称销售包装。在保护性、便利性等包装的基础功能之上，个包装以满足商品销售要求为主要目的，注重在销售环节吸引消费者注意，起到说明或宣传商品的作用，如纸、塑料、金属、玻璃、陶瓷、纤维织物、复合材料等制作的盒、罐、袋、听等（图1-22、图1-23）。

图1-21 冰淇淋内包装设计

图1-22 香水个包装设计

图1-23 饼干内包装+个包装设计

图1-24 外包装（运输包装）

图1-23中饼干直接接触的地方是内包装设计，这种设计方便携带，同时保护产品。内包装外面的纸盒是属于包装的销售包装，可用于吸引消费者的目光。

■ **外包装** 外包装也称大包装、运输包装，是以满足产品在装卸、储存保管和运输等流通过程中的安全和便利要求为主要目的的包装。外包装一般不承担促销的功能，为了便于流通过程的操作而在包装上标注出产品的品名、内容物、性质、数量、体积、放置方法和注意事项等信息内容，如木、纸、塑料、金属、陶瓷、纤维织物、复合材料等制作的箱、桶、罐、坛、袋、篓、筐等（图1-24）。

1.3.2 包装形式和材料分类

■ **包装形式** 包装形式有包装纸、袋、盒、瓶、罐、管、听、筒等（图1-25、图1-26）。

■ **包装材料** 不同材料的包装会形成不同的视觉风格，按包装材料可分为纸质包装、塑料包装、金属包装、玻璃包装、陶瓷包装、布质包装、木质包装、编织包装等（图1-27、图1-28）。

图1-25 瓶包装

图1-26 PLEZ品牌开窗式包装设计

图1-27 纸质包装

图1-28 塑料材质包装

1.3.3 产品性能分类

■ **销售包装** 销售包装又称商业包装，可分为内销包装、外销包装、礼品包装、经济包装等。销售包装是直接面向消费者的，因此，在设计时要有一个准确的定位，符合商品的目标对象，力求简洁大方、方便实用，而又能体现商品性（图1-29）。

■ **军需品包装** 军需品包装也可以说是特殊用品包装，由于在设计时很少遇到，所以在这里不进行详细介绍。

■ **储运包装** 是以商品的储存或运输为目的的包装。它主要在厂家与分销商、卖场之间流通，便于产品的搬运与计数。在当下电商物流影响下，它逐渐变得重要。设计时除了要注明产品的数量、发货与到货日期、时间与地点等，还增强了保护和宣传功能（图1-30）。

1.3.4 产品内容和使用方式分类

■ **产品内容** 按产品内容分类，包装设计可分为日用品类、食品类、烟酒类、化妆品类、医药类、文体类、化学品类、五金家电类、纺织类、儿童玩具类等（图1-31、图1-32）。

■ **使用方式** 从使用方式上一般有易开启式包装、适量小包装、一次性包装、便于携带包装、可回收包装、服用包装等（图1-33～图1-35）。

图1-29 罐式干燥剂包装

图1-30 MUSKOKA啤酒冬季储运包装设计

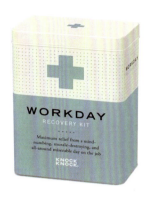

图 1-31　药品包装设计　　　　　　　　　　　图 1-32　蔬菜包装设计

图 1-33　植物盆栽包装设计　　　　　　　　　图 1-34　一次性包装设计

图 1-35　护肤品包装

图 1-35 中，按照使用方式不同而采用了开盖、按压、挤压等不同的包装形式。

1.4 专题拓展

优秀案例分析（图 1-36、图 1-37）

图 1-36　良品铺子端午礼盒包装 1

　　获得 2019 年度意大利 A 设计奖，2019 年度德国 iF 设计大奖。

　　良品铺子从 2009 年开始，将"高端零食"定义为品牌战略和企业战略，以高端零食战略引领行业升级。

　　设计理念：产品符号化简单＋个性化，传递现代图形美学与品牌格调。

图 1-37　良品铺子端午礼盒包装 2

　　潘虎包装设计实验室设计。

　　它是以"礼"作为容器，将"提盒"这个符号概念化，是良品铺子节庆产品的系列化延续。

　　由粽叶衍生的阵列底纹，通过简约有序的图形排列，形成极简化端午视觉符号，给人一种米粒软糯、粽叶飘香的感觉。

　　这款包装的设计灵感来源于宫廷御膳提盒，并且选取与产品外形接近的几何图形，以新古典主义搭配扁平几何风，通过抽象化图形表达具象化产品。良品铺子高端化品类打造节庆专属形象，与同品类其他零食形成视觉差异。

1.5 思考练习

■ 练习内容

1. 找出生活中让你印象深刻的包装。

2. 结合案例分析思考平面元素在包装上是怎么运用的?

3. 对某一包装产品的包装结构进行分析,以 PPT 的形式呈现。

■ 思考内容

1. 你怎样理解包装?

2. 包装设计的范围包括哪些?

3. 常见的包装材料有哪些?

扫一扫了解更多案例

第 2 章　包装设计的历史及发展

内容关键词：

包装的历史　发展

学习目标：

- 了解包装设计的历史
- 明确包装设计未来发展的方向

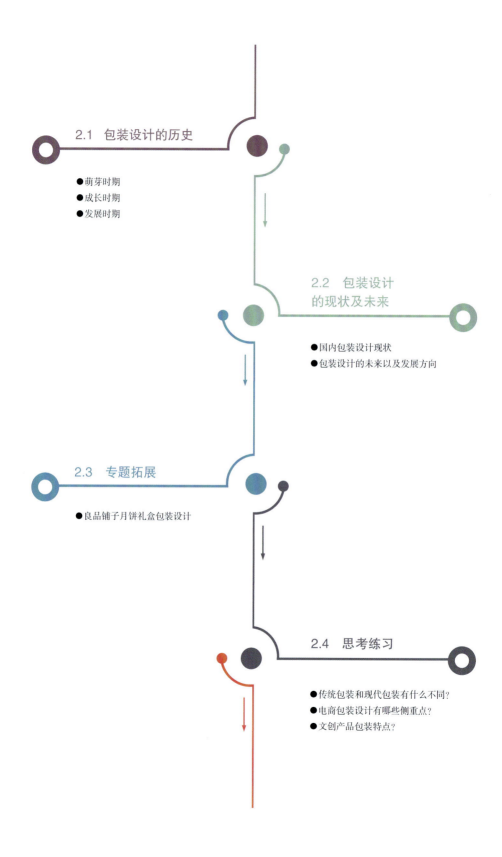

2.1 包装设计的历史

2.1.1 萌芽时期

包装的雏形是人类为使用及储备生活物资而产生的容器。这些容器开始直接取材于自然材料,可以追溯到旧石器时代。人们利用贝壳、果壳、葫芦等作为盛装、转运食物及用水的容器,但它们并不完全具备包装的内涵,只能算是萌芽阶段。例如粽子这种独特的食物,通过箬叶包裹糯米的形式来实现保存食品的功能。这个阶段包装形式朴素、工艺简单、制作方便,包装材料来源于自然界。这一特征持续了很长一段时间,有些竹类、树枝类和草类的编织容器至今还在流行(图 2-1)。

发展到后来,人类支配自然的能力得到提高,创造出陶器,这能较好地满足包装的存储功能和运输功能。陶器有着各种各样的形制,如瓶、壶、盆、钵、罐等,其中有一种比较特别的是双耳小口尖底瓶,它是新石器时代的陶器精品,属于马家窑文化马家窑型。它的主要用途是盛水,造型尖底利于下沉,口小水不容易溢出,双耳便于背负、移动。陶器外壁采用黑彩绘平行弦纹、漩涡纹和圆点纹。这种陶器的设计充分体现了包装的功能性与艺术性(图 2-2)。

图 2-1 麻绳

用自然材料麻绳作为瓷器的包装,既方便瓷器的运输携带,又起到了保护作用(图 2-1)。

图 2-2 新石器时期陶瓶

图 2-2 是马家窑彩绘陶瓶与仰韶文化庙底沟类型人头形器口彩陶瓶。

2.1.2 成长时期

随着时代的发展,手工加工工艺得到了极大的发展,出现了漆器、纺织品、瓷器等工艺性更高的人造包装。其中漆器与瓷器的艺术性极高,是中国手工艺品的代表,也成为极具中国民族文化特色的包装手段之一。当人类社会出现商品交换以后,面向商品流通的包装就产生了。最早有记载的商品包装是在战国时期,《韩非子·外储》篇上记载了"买椟还珠"的故事,其中椟"是一种外表装饰华丽的木质包装"。文中写道"为木兰之柜,熏以桂椒,缀以珠玉,饰以玫瑰,缉以翡翠"。意思是用一种木兰香木制作外盒,用桂和椒所调制的香料来熏盒子,用珠玉来点缀,装饰成玫瑰的形状,同时还用翡翠来装饰外盒边沿。这些描述足以看出当时对于包装的重视程度,以及包装本身的奢华设计与精致。

到了汉代,造纸术的广泛应用也带来了政治、经济、文化的大力发展,商品包装也开始普遍使用纸质材料,逐渐取代了以往成本高昂的绢、锦等材料,这才出现严格意义上的商业包装。到了北宋时期,造纸与印刷术深度结合,带动了商品包装的更大发展。宋代《清明上河图》中反映了开封城内的商业繁华景象,画中可以看到各式各样的包装(图 2-3、图 2-4)。

图 2-3 《清明上河图》局部 1

图 2-4 《清明上河图》局部 2

如图2-5，现保存于中国历史博物馆的济南刘家功夫针铺印，在宋代通过铜版印刷便可得到的商业包装。这是一个可以作为广告招贴的包装形式，大小约为10cm，中间是白兔抱铁杵捣药的图案，上方写着"济南刘家功夫针铺"的字样，左右两侧注明："认门前白兔儿为记"，下方是广告文字："收买上等钢条，造功夫细针，不误宅院使用，客转兴贩，别有加饶，请记白"。整个包装图文并茂，白兔捣药相当于店铺的标志，文字宣传突出了产品的质量和售卖方法。这个包装用今天的眼光去审视，也达到了包装的基本商业目的。而纸作为传统包装材料，发展到现在已经成为包装的重要材料之一。

东汉时期瓷制酒器诞生。宋代是我国陶瓷生产的鼎盛时期，瓷制酒器愈发精美，形式多样。明代的瓷制酒器以青花、斗彩、祭红最有特色。清代瓷制酒器有珐琅彩、素三彩，以及青花玲珑瓷和各种各样的仿古瓷。瓷器除了作为酒器的包装外，还广泛用于护肤品、香料、化妆品的包装（图2-6）。

图2-5 济南刘家功夫针印

图2-6 宋代胭脂盒

图2-6所示宋代影青杯盏大胭脂盒，外形是一个简单的圆形，里面设计成了莲花状，三个小圆盘象征莲花叶，同时也可以用来装三种不同颜色的胭脂。这种设计外形便于携带，内部不仅美观，并且具有实用功能。

2.1.3 发展时期

工业革命使资本主义从早期的作坊、小工场手工业阶段过渡到近代机器大工业发展阶段，从而丰富了商品的多样性。由于生产方式实现了质的飞跃。多样化的商品被大量产出，市场交易得到迅速拓展，包装毫无疑问地成为商品流通环节中非常重要的一环。各种材料在包装上的运用也开始越来越多，玻璃、金属也逐渐广泛应用。在欧洲，人们对于包装的认识也逐渐从存储、运输等单纯基本功能上升到包装物品功能与审美功能并存的层面上。在这一时期，大多数商品包装是豪华瑰丽、色彩斑斓和工艺复杂的，特别是包装中版面边缘的装饰，大量出现烦琐图案。设计极具有装饰性和视觉冲击力，能强烈刺激购物欲，这是维多利亚时期典型风格的延续，与巴洛克艺术风格紧密联系，都集中表现了为上层贵族服务的宗旨，也为日后包装视觉设计的发展提供了借鉴（图2-7、图2-8）。

图 2-7　1869 年美国亨式甜酸菜和芹菜酱包装（用自动成型机做的玻璃瓶）

19世纪末到20世纪前半叶，英国出现了《商标法》来保障商品的可信性。最早是立顿茶饮的包装设计，厂家把茶分成一个个独立的小袋包装，在包装上突显立顿品牌名称。该设计最大的优点就是提升该产品的品牌，强化消费者对品牌的记忆。从此，各个厂家的品牌意识开始增强，包装贴上专属商标，附上了质量保证和产品说明，用包装来说服消费者，吸引顾客购买，在消费者的脑海中建立起每一种商品的深刻印象，确立商标的存在感和印象感显得尤为重要。品牌意识的初步出现及技术领域的不断突破，对包装设计风格的要求又有了改变，包装需要一个令人兴奋、记忆深刻、鲜艳夺目的形象，要给消费者一种整洁、亲切和新鲜的感受。这个时期的包装设计逐渐抛弃了繁杂琐碎装饰的维多利亚时代的风格，设计上推崇自然主义，运用了大量的花卉纹样、卷草纹样和动物纹样的概括及重组作为设计表现。这一时期的包装设计较少采用直线，主要是以弹性曲线为主，色彩鲜艳明快。这种设计风格也是和当时欧洲的形式主义运动——"工艺美术"与"新美术"运动有着很大关系（图2-9、图2-10）。

图 2-8　1890 年饮料包装

图 2-9　1908 年牙膏包装

图2-10 美国1913年香烟包装

到了20世纪20年代以后，清晰、简洁的艺术设计风格开始出现，各种色彩鲜明的几何图形穿插使用，大大改进了早期包装设计过于讲究过分装饰的风格。这一阶段，早期的包装开始过时，许多商家对包装进行了细微的调整，既跟随时代的变化，又保存了原有的品牌属性。这样的设计渐变照顾到了文化与商业的两个方面。

20世纪30～40年代，整个世界经历了第二次世界大战，由于战争的影响，产品无法进行过度包装，色彩单调，整个设计又回到了包装最根本的使用功能上（图2-11～图2-14）。

战争结束以后，进入20世纪50年代，商品经济又回到了高速发展的轨道上。新包装材料例如塑料、不干胶、易拉罐等被大量使用。大工业生产下带来的丰富物质使得新的消费社会形成，再次使包装设计回到了人们的日常生活中。零售业在这个时候发生了根本性的变革，出现了一种新的购物模式——超级市场。这种自助式购物模式的产生是因为参加工作的人逐渐变多，很多女性也加入了这个行列，这导致了购物时间变少，加上冰箱与冰柜的广泛使用，人们可以每周购物一次，而不是每天都去。在超级市场中，商品包装经常成为购物者与产品之间唯一的交流工具。加上商业广告通过报纸、电台、电视等不同媒体介绍包装好的产品，包装常常被用以强调产品的卖点。

图2-11 1904年日本朝日香烟

图2-12 1923年美国麦片包装

图2-13 1930年雀巢奶粉包装

这个时候，国际主义设计成为欧美的主要设计风格。这种设计具有形式简单、反装饰性、强调功能性、系统性和理性化等特点。由于是消费者自己识别商品，所以包装设计的重点转变成需要在同类商品中被快速识别。货架上的竞争要求设计必须强调品牌的主题、色彩和中心文字，必须使商品高度识别化脱颖而出，产生记忆，形成消费。国际主义设计要求以简单明快的排版和无饰线体字体为中心形成高度功能化、非人性化、理性化的平面设计方式，这恰好符合当时包装简洁、醒目的要求。

20世纪80～90年代，物质文化空前丰富，各种新型材料与技术日新月异的发展应用使得产品更加普及和廉价，各式各样的消费品促使人们更加重视商品的促销，系列化产品包装成为企业包装设计的主流行为。到了20世纪末21世纪初，在环保大潮的推动下出现了各种绿色设计的国际设计思潮，包装领域也衍生出绿色包装的设计概念，也可以称为无公害包装和环境之友包装，指对生态环境和人类健康无害、能再生和重复使用、符合可持续发展的包装。包装设计在这一理念的支配下，向轻量化、小体积的方向发展，其功能不仅局限于容纳、保护、销售等，而且开始倡导环保这一消费市场的新观念（图2-15、图2-16）。

图2-14　Караванъ 茶包装

Караванъ（大篷车）茶公司的母公司是俄国贸易商 Вогауико 创立的。从1862年起，Boray 公司已开始于俄国和欧洲各地贩售茶叶，1893年创办大篷车茶公司，专营各种茶叶的销售。大篷车茶公司当时的茶叶包装盒，主要是木质和铁质品。由于工艺的精进，直接将茶叶的广告信息印制于茶叶盒上——以典型的俄国庄园风景图为展示点，公司名称"Караванъ"以水印形式抢眼。整体设计有新意，茶叶罐本身密封性良好，实用性和美感度俱佳（图2-14）。

图2-15　2007年可口可乐包装　　　　图2-16　1984年健力宝包装

诞生于1984年的健力宝喜逢第23届洛杉矶奥运会，在深圳百事可乐公司代工下，第一批易拉罐装健力宝面世（图2-16）。凭借精良的包装、无可挑剔的口感及功能，健力宝披荆斩棘成为中国奥运代表团首选饮料，伴随运动健儿参加第23届奥运会，健力宝从此扬名海内外，被誉为"中国魔水"，健力宝成为中国最具知名度的饮料品牌。

2.2 包装设计的现状及未来

现今社会,生活形态和消费形态都发生了很大的变化,包装设计已经进入了全新的时代。现代包装在满足基本的要求之外,更强调艺术性的视觉外观和独具个性的品牌形象。

现在及未来的商品竞争越发激烈,同质化的产品不断增多,消费者为寻找独立个性的生活方式及状态也对包装设计提出了更高的要求。现在的消费群体被细分成不同的类别,这些被细分的人群极具个性色彩和消费需求。随着消费者生活结构的多元化,审美观念、价值观念的多样化,成熟性消费社会逐步形成。消费者除了关注商品的特性,同时还会对商品包装的文化品位、审美追求有着强烈的渴望。在未来的设计中,设计师必须以独特的角度、高超的技艺来适应消费者个性化的视觉愉悦需求,还要具有良好的预测判断心理,给未来的包装设计赋予更加丰富多彩的个性(图 2-17、图 2-18)。

图 2-17 重新定义茶包装

图 2-17 中的包装采用卡通图案搭配明亮的色彩,一改传统茶叶包装,这样的展现方式使包装看起来更加有趣,看到包装就会使人联想到喝茶时的闲暇时光。

图 2-18 VIAMIC 葡萄酒包装设计

图 2-18 中的包装设计开启了葡萄酒的新概念——一种提供对世界和葡萄酒的主观感知的体验。

设计师根据个人的葡萄酒理念,为年轻人打造一系列经济实惠的生态葡萄酒,树立品牌形象和概念。设计师认为消费者不需要特殊的知识来欣赏葡萄酒。如果消费者喜欢葡萄酒,那就足够享受它了。

2.2.1 国内包装设计现状

■ **缺乏市场意识**　缺乏市场意识具体表现在不能很好地运用市场营销的基本原理、运用科学的方法来进行市场调查并在此基础上制定相应的商品战略规划，从而占领目标市场。包装是一种商业文化，因此有什么样的商业模式，与其相适合的包装形式就会应运而生。超市和自选市场成为当今主要的销售方式，商品林林总总，争奇斗艳，没有巧舌如簧的推销员，商品以其包装来显示各自的优势。在现代市场经济社会中，商品生产者最关心的是他们的产品如何能打开市场，适销对路，为广大消费者所接受。

■ **设计风格相互模仿**　无论在超市还是在商场，展示在我们面前的包装有一些存在明显的模仿和抄袭的现象。电脑、数码相机和扫描仪等现代化设计工具的出现和普及，大大提高了包装设计的质量和效率，为包装设计师完成精彩的创作提供了有力的保障，然而部分投机取巧的设计人员把它当成模仿的工具，造成大量包装设计类似的现象（图2-19）。

■ **过度包装**　一件良好的包装，从生产厂家到消费者手中的整个使用过程中都应该给人带来便利。近年来，在经济生活中出现了一种愈演愈烈的商品过度包装现象，不少商品的包装里三层外三层。例如，月饼、饼干、糖果、茶叶的包装盒越来越豪华、高档、精致，甚至出现了包装盒比商品本身更值钱的现象。这种商品的过度包装现象，无疑加重了消费者的负担，同时也浪费了宝贵的资源（图2-20）。

■ **欺骗性包装**　时下商战激烈，很多企业不仅重视包装问题，还通过发掘"包装功能"，取得了显著的经济效益，商品包装五花八门，外观很是精美，让人眼花缭乱。但一些企业不适当地运用包装策略，片面追求商品的"包装效果"，以此误导消费者，而忽视产品本身的质量，使一些伪劣商品得以在精美的包装外衣下大行其道，极大地侵害了消费者的利益。

图2-19　白酒包装

图2-20　烦琐的月饼礼盒包装

图2-20所示的包装外面为一层圆形的铁盒，里面有两个小圆形铁盒，打开铁盒后又有一层层塑料包装，塑料包装打开后还有一个塑料盒，这种包装一层层打开之后才是一小块月饼。烦琐的包装造成不必要的浪费。好的包装应该是恰到好处的，而不是浪费材料获得表面上的精致。

2.2.2 包装设计的未来以及发展方向

■ **情感共鸣** 在未来的包装设计中，对消费者的心理研究与分析愈来愈重要。未来包装设计的创意更多关注消费者的情感因素，以寻求最佳的引发消费者共鸣的触发点；还要能够传达出设计者在情感上给予消费者的某种暗示，用情感来激发消费者的购买欲望，把产品宣传同消费者的情境感受紧密、巧妙地结合起来，将消费者的情感融会于未来的包装设计中（图2-21）。

■ **个性化** 随着消费者价值观念、审美观念日益多样化，生活结构和消费水平日趋多元化，成熟型消费社会将逐渐形成。消费者除了关注商品的特性，同时还会对商品包装的文化品位、审美追求有着强烈的渴望。这就对未来的包装设计师提出了新的挑战。在未来的设计中，设计师必须以饱满的热情、高超的技艺来适应消费者个性化的视觉愉悦和心理愉悦需求，要具有良好的预测心理和移情能力，关注不同消费群体的个性化需求，预先为消费者构想出这种商品的审美特点和消费理由。这种新形式和新风格所具有的独特创意不仅要表达出商品的实用性，同时还要表达出商品的强烈视觉表象。在这种视觉表象的深刻感染下，消费者自然地对商品产生兴趣（图2-22）。

■ **绿色环保** 绿色设计与绿色设计思想是21世纪设计的主题。绿色设计需求给设计师们提出了一个严肃的课题。它强调保护自然、生态，充分利用资源，以人为本，与环境为善。绿色设计倡导者及支持者相信，贯彻绿色设计理念的包装设计能在传达产品信息外展示良好的企业形象。同时，设计师要站在消费者的立场上考虑问题，赋予包装强烈的视觉冲击力和心理效应。未来的包装设计必须是以追求绿色环保为主题的环保包装设计，这种设计是将人与自然和谐发展、安全和健康融合为一体，关注人类的生存和发展。这样消费者会自然地加入对环境的保护中，包装的环保意义才能真正体现出来（图2-23）。

图 2-21　江小白酒包装　　　　　　　　　图 2-22　个性化鲜花包装设计

图 2-21 所示的江小白酒包装成功打破了消费者对白酒传统、中规中矩的印象，说出了年轻人的心声，让年轻人成为江小白的拥趸者。江小白的成功在于让年轻人也开始接受白酒，这可以说是一次颠覆性的改革。90后、00后等年轻消费群体真正崛起，成为消费主力军。加上网购、连锁改变着人们的消费习惯，未来白酒市场也会发生改变。

图 2-22 的设计是将纸竖起来作为鲜花的保护功能包装，沿中间折下去之后鲜花就能立于桌面上。

■ **文化特色** 设计与文化之间有着不可分割的联系，设计是人类文明进步的原动力。人类通过设计改造外在的物质世界，改善生存环境和改变生活方式。在人类的现实生活中，无处不显现着文化的痕迹。我们所称的"设计"实际上就是人类所创造文化的一部分。不同的地域和民族孕育了不同的文化，不同的文化又包含了各具特色的设计。未来的商品市场竞争会更加激烈，商品种类会更加细分化，消费者整体的审美水平也将随着社会文明的进步不断提高。消费者在社会中自我价值的实现、塑造自我的要求会在实际生活的消费行为中表现得更加强烈。因此，这必然要求未来的包装设计师能够充分利用不同的地域文化特色，通过设计赋予商品更高的社会价值，实现消费者自我塑造的心理体验（图2-24、图2-25）。

图2-23　薯条包装设计

用不需要的土豆皮加工做成薯条的包装纸，是一种环保理念包装。

图2-24　故宫文创"故宫云鹤彩妆"

图2-24这组文创产品的设计元素来源于故宫博物院珍藏文物，红漆边架缎地绣山水松鹤围屏。

图2-25　故宫文创端午礼盒包装

图2-25中五色新丝缠角粽礼盒装包装图案的体裁取自宫廷画家徐扬《端阳故事图》册。

■ **电商物流** 在当今绿色环保理念普及的同时电商平台迅速发展，新兴的电商模式正在改变着零售业格局，导致商品包装功能的重心发生明显偏移，主要表现在回归到保护功能和内涵体验上来。这给了包装的绿色设计和内涵式设计新的契机。绿色环保和电子商务将成为未来商品包装业存在的主背景。在此背景下，包装设计如何将"保护商品、绿色环保、消费者体验和成本效率"有机组合，是包装业界及设计教育界迫切需要思考和解决的问题（图2-26、图2-27）。

图2-26 三只松鼠坚果包装设计

在消费者购买三只松鼠公司产品的过程中，通过三只松鼠的IP形象，诠释公司对于产品的理解和产品概念的再造，然后，通过电商、实体店新零售的渠道将三只松鼠公司的产品推给消费者（图2-26）。

通过产品连接三只松鼠公司和消费者，在消费者购买和品尝后再馈赠，三只松鼠公司希望在这个过程中能够给消费者带来新的价值，所以称之为新价值。

图2-27 百草味零食包装设计

本设计获Pentawards 2018金奖。

百草味在进行了品牌升级之后重新将品牌定位为："世界任你品尝"。同时推出一系列的新包装（图2-27），以代表产品的颜色为底色，以产品实物图为主视觉，通过几何形式有规律地排列。包装整体看下来视觉效果非常舒适且产品信息一目了然。新的包装不仅好看、好玩，还可以组装成零食包。

2.3 专题拓展

优秀案例分析（图 2-28 ~ 图 2-32）

图 2-28　良品铺子 + 敦煌博物馆 + 潘虎包装设计实验室联手打造"浮雕沙画"作品

来自全国各地的美术大师，结合水墨画、浮雕画技法，利用点、洒、堆、描、铺、抹各种技法，创新性地制成了 2019 敦煌第一幅巨型浮雕沙画。整幅沙画线条流畅，充满轻快灵动之韵感。艺术家们输出的作品不仅仅是这幅巨型"浮雕沙画"，还有整个从"创造"到"消失"的过程。"美好只在一瞬，珍惜才是永恒"，能把握住当下的美好，就是永恒。

图 2-29　良品铺子 + 敦煌博物馆 + 潘虎包装设计实验室 联合设计的月影礼盒包装

图 2-30 "良辰月·舞金樽"图案设计

多种元素层层叠加,围绕中心的月圆,如同一条"时光隧道",凤凰、三耳兔、翼马、九色鹿、飞天等元素从千年前的敦煌飞奔而来,开启悠悠千年的声色传奇。

千年之前的月亮,或许与今天并没有什么不同,它承载的情感跨越时空,为他乡游子诉说着离愁别思,以及亲人相聚的那份快乐。

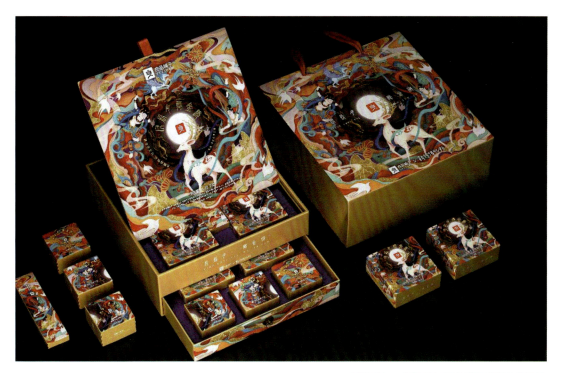

图 2-31 "良辰月·舞金樽"月饼礼盒设计

该设计采集并重构敦煌元素,为观众呈现了不一样的中秋。飞天伎乐,反弹琵琶;山川河流,层峦叠嶂;灵燕穿行,团云朵朵;三耳神兔,绕月而奔;鸾凤翼马,翱翔其羽;九色立鹿,踏月而来。插画的配色来源于对风化之前的壁画极尽璀璨的设想,在部分元素的处理上采用鎏金工艺,以极富装饰性和层次性的美感,将敦煌传统元素与现代工艺相结合,致敬克里姆特的"金色欲望"。

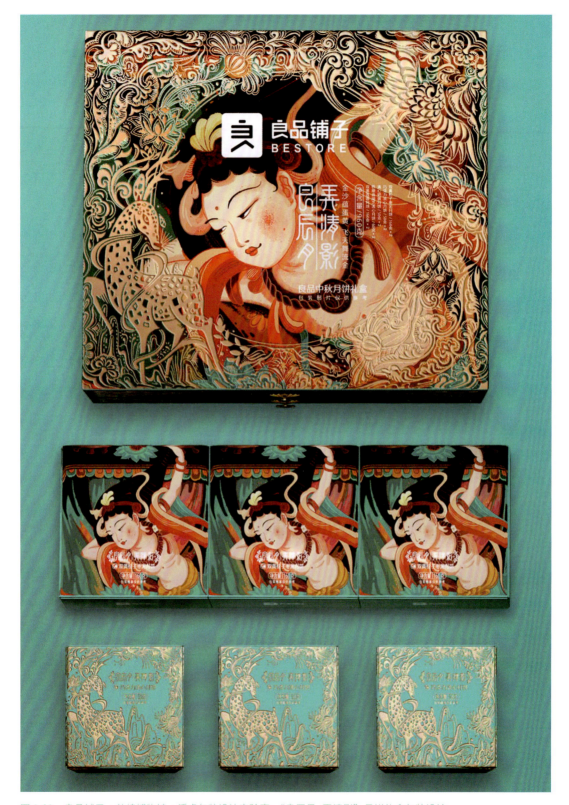

图 2-32 良品铺子＋敦煌博物馆＋潘虎包装设计实验室 "良辰月·弄清影"月饼礼盒包装设计

以新古典主义复活敦煌精灵,助推良品铺子引领零食行业新潮流。

2.4 思考练习

■ 练习内容

1. 找出生活中各种快消品的包装特色。

2. 结合案例分析说明电商产品包装设计和品牌门店产品包装设计的异同点。

3. 试将传统纹样融入电商包装中，以效果图的形式呈现。

■ 思考内容

1. 传统包装和现代包装有什么不同？

2. 电商包装设计有哪些侧重点？

3. 文创产品包装有哪些特点？

扫一扫了解更多案例

第 3 章　包装设计的平面构成要素

内容关键词：

平面元素　构成要素

学习目标：

- 了解包装设计的构图元素
- 掌握构图原则熟练运用构图形式

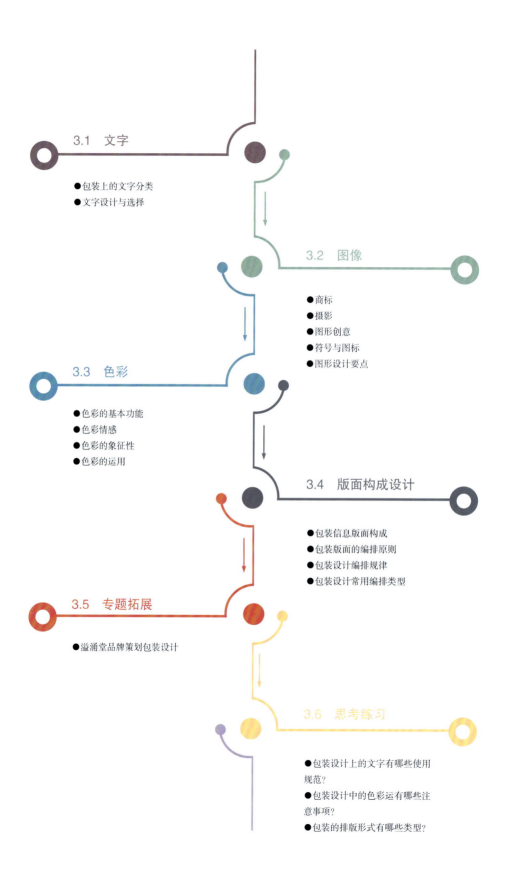

3.1 文字

文字是交流思想、传递信息并能表达某一主题的符号，它承载着人类的历史与文化。包装设计中的文字可以传达出有关商品的信息。人们通过文字，了解商品的产地、性能、使用方法和使用日期等，从而达到人与商品直接的沟通。在进行包装设计时，通常能够遇到的文字有：商品名称、容量容积、成分说明、注意事项、生产日期、厂家、产地等。文字在包装设计中主要有两种功能：首先，传达出商品的信息；其次，文字作为设计元素，通过字体的选用、排列组合和表现手法、字体大小、形态的正斜等，按照视觉流程、阅读习惯给人以韵律感、节奏性，从而达到特殊的视觉效果（图3-1）。

3.1.1 包装上的文字分类

■ **基础文字**　包括包装牌号、品名和出产企业名称。一般安排在包装的主要展示面上，生产企业名称也可以编排在侧面或背面。品牌名字体一般有规范化的设计编排模式，品牌名字可以进行装饰变化（图3-2）。

■ **资料文字**　资料文字包括产品成分、容量、型号、规格等。编排部位多在包装的侧面、背面或正面。设计时一般采用印刷字体。

图3-1　以文字为主的包装设计

■ **说明文字** 主要是说明产品用途用法、保养、注意事项等，内容简明扼要，字体一般采用印刷体，通常情况下不编排在包装的正面（图3-3）。

■ **广告文字** 是宣传内容物特点的推销性文字，应做到诚实、简洁、生动，切忌欺骗或啰唆，其编排部位不固定。

在具体的操作过程中，对文字设计与排列有以下几点建议。

（1）字体要规范、准确、醒目、易辨认、有主次之分。

（2）设计作品上的字体一般以2~3种为宜，可有大小、粗细的变化，但不宜变化太多，避免出现混乱的效果。

（3）商标品牌名称的文字设计是包装文字设计中的重要环节，设计时要根据产品内容与属性，要求反映商品的特点、性质，并具备良好的识别性和审美功能。

（4）文字内容要简明、真实、生动、易读、易记，具备良好的识别性、可读性。在运用书法体时应进行调整、改进，使之既能为大众所接受，又不失艺术风格，要针对不同的商品内容进行有效的选择。

（5）文字的编排应与包装的整体设计风格相协调。

（6）字距、行距安排得当，字体要有变化，字体颜色要有区别，以免造成阅读混乱。

（7）印刷体的字形清晰易辨，在包装上的应用更为普遍。汉字印刷体在包装上运用的主要有老宋体、黑体、综艺体和圆黑体，不同的印刷体具有不同的风格，可以表现不同的商品特性。文字设计是设计师的基本设计功力的体现。每种字体都有自己的特点，如隶书的华丽高雅、楷书的朴实大方、行书的流畅奔放、宋体的雍容华贵、黑体的粗犷厚重等。

图3-2 食品包装上的文字

图3-3 包装上的说明文字与排版

3.1.2 文字设计与选择

文字的类型是十分丰富的，且各有特色。例如象形文字是抽象与具象的紧密结合，而传统书法字体则让包装更具文化韵味。同时随着电脑技术不断发展，也使字体设计出现了许多新的表现形式。设计师利用电脑的各种图形处理功能，将字体的边缘、肌理进行多种处理，使之产生一些全新的视觉效果。但是字体设计同样要遵循相应的规则。

■ **字体设计的基本原则** 包装的字体设计是自由的，但不是任意的，应根据具体商品的特定要求，如设计商品的特质性能、传达对象、造型与结构、材料与工艺条件手段，做出视觉传达效果最为合理有效的方案（图3-4）。

■ **字体选择的基本原则** 字体选择应用是否恰当、精到，将对一件商业包装设计的视觉传达效果起十分明显的作用。选择字体时，要注意内容与字体在性格气韵上的吻合或象征意义上的默契，设计的风格要从商品的物质特征和文化特征中寻找。不同形态的包装运用不同的字体，以适应其造型与结构特质。例如瓶、罐、筒等圆柱体造型包装的字体不宜花哨零乱，以防扰乱视觉辨识；异形与不规则包装结构则更需注意字体的易识与单纯明确，同时，还应考虑到包装造型的体面关系、比例关系等因素（图3-5）。

■ **广告语的设计与表达** 包装上的推销性广告文字设计得成功与否，直接关系到消费者对商品的印象和信心，关系到商品的销路。一般认为广告语也可采用稍有变化的字体，但应奇中有平，感性中见理性，不宜过于花哨，应使消费者产生依赖感。广告宣传文字的编排部位一般也在主要展示面上，但需处理好与牌名、品名的关系（图3-6）。

图3-4　香皂包装上的文字

图3-5　以字体为主的酒标签

产品信息的安排

（1）包装商品名称。商标品牌名称的文字设计是包装文字设计中的重要环节，设计时要根据产品内容与属性，要求反映商品的特点、性质，并具备良好的识别性和审美功能。

（2）包装说明文字。主要包括商品包装的功能、特点、使用方法、储存限制等。说明文字的信息内容包括以下基本方面。

① 与内容物有关的文字，如辅助性说明、内容物含量、性能、用途、用法等；制造商、营销商名称、厂址、生产国或地区等与出厂有关的信息。

② 说明性文字的标准。说明文字的内容和字数较多，一般采用规范的印刷标准字体，所用字体的种类不宜过多，重点是字体的大小、位置、方向、疏密上的设计处理，协调与主体图形、主体文字和其他形象要素之间的主次与秩序，达到整体统一的效果。

③ 说明性文字要求。说明性文字通常安排在包装的背面和侧面，而且还要强化与主体文字的大小对比，较多采用密集性的组合编排形式，减少视觉干扰，以避免喧宾夺主，杂乱无章。说明文字信息是体现品牌内在价值的渠道之一，相关信息越健全，说明这个品牌越对消费者负责，把能预见到的问题都清晰地在包装中表达，是一种对消费者的人文关怀（图3-7、图3-8）。

图 3-6 "消消火·茶让你冷静下来"饮料包装上的广告语

根据产品名称的字面意思，采用直接的方式来设计产品，即用灭火器作为外观。这种设计将使消费者能够在更短的时间内认知产品的强大功效，因为它的外观说明了一切（图3-6）。

3.2 图像

图像是包装迅速传递信息的有效形式。在快节奏的生活中，消费者在阅读文字之前总是先观察画面，包装的图像无疑是一种最为生动直观的可视形式。现代包装图像设计的目的，就是创造出一种能够迅速传递信息的生动有力的艺术形象，力求以醒目新颖的图形瞬间抓住人们的视线，并使其感知图像传递的信息。包装装潢设计的图像元素主要包括商标、认证标志、摄影、插图、符号，以及图标、平面图案、条形码等，在设计时有选择地根据产品定位来使用图像元素（图 3-9）。

 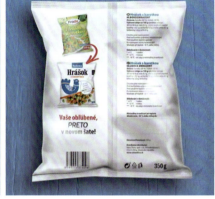

图 3-7　调味料正面的商标文字与广告语　　　图 3-8　调味料背面的说明性文字

图 3-9　Waitrose LoveLife 品牌包装

图 3-9 所示的包装设计获 DBA 设计效果奖：银奖，AIGA 奖：金奖，FAB 奖：金奖。

来自 Pearlfisher 创新部门，设计师打造了一个全新的视觉语言，在企划和设计部门共同努力下让吃得健康和味觉享受同时兼并不再只是理想。一个简单的品牌架构、命名和市场定位都通过精致的平面设计和视觉语言传达。这套标志系统激发并创造了具有一致性的产品包装、平面广告和线上行销。

3.2.1 商标

商标是指企业、公司、厂商、产品等用以区分不同生产者和经营者的商品和劳务的标志，是企业精神和品牌信誉的体现，在设计时应注意其摆放的位置，达到突出的视觉效果。商标是品牌的重要象征，包装设计的一项重要任务就是展示品牌，让消费者在最开始的评估和选购过程中就能轻易辨识出这一品牌。

■ **商标的展示** 包装上的商标在内容上可以分为产品标志、公司标志和认证标志三类。大多情况下，包装设计师不需要进行商标设计，只是让品牌标识尽可能合理地呈现出来。

■ **商标设计** 商标从形式上一般分为文字商标、图形商标和文字图形相结合的商标三种形式。成功的商标设计需要将丰富的内涵以更简洁、更概括的形式在相对较小的空间里表现出来，同时需要观察者在较短的时间内理解其内在的含义（图3-10、图3-11）。

图3-10 "WW" WEIGHT WATCHERS 品牌包装

图3-11 威士忌包装设计

3.2.2 摄影

通过摄影手段将商品自身的形象直接运用到包装设计上，这样可以更真实有效地传达商品信息，使消费者更直观地认知商品。例如，在食品包装上较多地采用摄影手段，以图片真实生动地再现商品的真实面貌（图 3-12、图 3-13）。

3.2.3 图形创意

和包装内容相关联的辅助装饰图形，对主体形象起到一种辅助装饰的作用，利用点、线、面等几何图形或肌理效果来丰富包装。从图形的表现形式上看，一般分为卡通形象、抽象图形、插画、几何、肌理等。

■ **卡通形象** 以卡通形象为主体形象。这类往往是原有企业的商品卡通形象在市场上已经有较大的知名度，只要进一步强化形象就很容易被消费者接受（图 3-14、图 3-15）。

图 3-12　英国洋芋片品牌 Tyrrells 包装上展示英式幽默

图 3-13　通过摄影实物展示的包装

图 3-14　儿童火腿肠包装

图 3-15　儿童泡面包装

图 3-14、图 3-15 采用卡通形象和鲜明的色彩进行包装，更能吸引儿童的注意力，得到儿童的喜爱。

■ **插画** 插画为包装设计带来更加丰富、生动、多样化的表现形式。包装上的插画要能够形象、主观地表现商品的内涵，使其特点可视化，让消费者感知到商品的文化气质。在包装上的插画应简单、清晰，容易让消费者理解。拟人化的包装方法，可以使商品更加形象、生动，缩短消费者和商品的距离。插画不仅能够体现时代的语言，超越主题，体现品牌的核心，凸显品牌的共性与独特性，还与消费者形成共鸣，给人以美的享受（图3-16、图3-17）。

图3-16 东方树叶包装设计

图3-17 插画形式酒包装设计

- **几何形态**　从形态所具有的性格或机能可大致分为五种类型：

（1）圆形：椭圆、圆柱、圆锥；

（2）弧形：圆弧、螺旋形、抛物线；

（3）角形：三角、三角柱、三角锥、多角形；

（4）方形：正方形、矩形、平行四边形、梯形；

（5）不定形：具有弹性的曲线形或是两组以上的复合形态组合，其构成大多采用自由曲线组合及不规则的偶发图形。

几何形态特征比较自由、活泼，可以自由结合，具有动态感和韵律感；而方圆三角等纯粹几何形则是人类精神的抽象意识复合视觉化而成的图形，具有比较理性的简洁和秩序感（图3-18、图3-19）。

- **抽象图形**　抽象图形指运用点、线、面等几何元素的表现手法形成的有间接联系的图形。抽象图形具有广阔的表现空间，在包装画面的表现上有很大的发挥空间。抽象图形虽然没有直接含义，但同样可以传达一定的信息。点、线、面的不同组合、变化可以形成多种表现效果（图3-20、图3-21）。

图 3-18　几何图案巧克力包装设计

图 3-19　几何形状包装设计

图 3-20　抽象形式橄榄油包装设计

图 3-21　抽象形式饮料包装设计

3.2.4 符号与图标

信息社会也是符号化的世界，便捷的交通导致的经济文化交流变广、变快以及网络的全球化和频繁的国际贸易等现象的出现，都需要信息可以得到更普遍地理解。而符号与图标能够超越语言的限制使人们达到有效沟通的目的。在包装设计中必要的符号与图标可以帮助消费者更快地识别商品，选择自己信赖的品牌，符号与图标的功能在商品储藏、运输直至到消费者手中都起着非常重要的作用。

在日常生活中，人们对信息的解读也越来越依赖平面图形符号，诸如高速公路、机场、城市交通、地铁导视、宾馆服务、医疗救护、邮政服务、银行金融服务、博物馆、停车区域、男女洗手间等。包罗万象的符号体系充斥着人类社会的各个方面（图3-22）。

条形码是现代社会各行业在交易销售过程中，为争取时效与便于管理所建立的快速识别系统，是利用黑白色粗细有别的线条组成的符号，将产品出产有关的信息数值化。条形码的内容包括国家的识别代码、生产商代码、商品属性、制造日期等，是零售商和生产商在商品供需流通环节不可缺少的一部分（图3-23）。

图 3-22　包装上的符号与图标

图 3-23　概念香水包装设计 直接用条码作为主图案

3.2.5 图形设计要点

- **信息传达准确**　图形作为视觉传达语言，在设计时需要考虑信息传达的准确性，在处理图形时应能反映商品的品质，抓住主要特征，注意关键部位的典型细节。图形的准确性并不等于直接性与简单化，一种形象往往是在同类形象的比较中得出个性特征。图形传达一定的信息，还应针对不同地区、国家、民族的不同风俗习惯加以个性化表现，同时又要适应不同性别、年龄等的消费对象。设计者需认清图形语言的局限性和地域性，避免不恰当的图形语言而导致包装设计的失败（图 3-24）。

- **鲜明独特的视觉感受**　现代销售包装的视觉传达设计作为一种小型广告，必须注意图形的鲜明性与独特感，应有足够的效应与魅力。要将简洁与复杂的关系处理得当并富有变化，复杂而不烦琐，简洁而不简单，简而生动，繁而单纯。

- **健康的审美情趣**　包装在作为商业媒介的同时，也客观地产生文化效应，因此，不论如何新颖独特、意趣盎然，不应是无条件地随意发挥，应注意健康的审美表现。色情的、丑恶的、宣扬封建迷信的图形显然都不应出现在包装上。

图 3-24　比利时令人瞠目的啤酒插图设计

　　图 3-24 所示的饱和色彩描绘的瓶子，属于超现实主义风格，创造新鲜有光泽的设计方案，让产品在货架上醒目可见，同时保持品牌原有的色调和身份元素。

3.3 色彩

在商品的包装视觉设计中，图形、文字等因素都依赖于一定的色彩配合，可以说色彩是包装设计的关键。色彩对消费者的心理也有一定的影响，能左右人的情感，成功的色彩设计往往能使人产生愉悦的联想。因此，色彩在商品包装中起着非常重要的作用。进行包装的色彩设计，应对色彩有科学的认识，对色彩的功能性、情感性、象征性做出深入的研究（图3-25）。

3.3.1 色彩的基本功能

■ **识别功能**　缤纷的色彩因在色相、明度、纯度上的差异性，从而形成了各自的特点，将这些特点运用在包装上有助于消费者从琳琅满目的商品中辨别出不同的品牌（图3-26）。因此，商品包装色彩运用得当会吸引消费者的注意力，从而触发购买行为。如世界两大知名的可乐饮料品牌，可口可乐的包装采用红色为主调，百事可乐的包装采用蓝色为主调，两者均利用了极其鲜明的色彩显示出自己的品牌个性，增强了包装的视觉感染效果（图3-27）。

图 3-25　色彩丰富的糖果包装设计

图 3-26　化妆品包装设计
　　采用的粉色和白色两种颜色作为主色调，具有识别功能，使消费者更容易找到这款商品（图3-26）。

3.3.2 色彩情感

我们生活中无时无刻不在接触大量不同的颜色，我们在接触这些颜色时会感受到不同颜色带来的不同心理感受。有些人可能会对某些色彩特别有感情，这是心理状态的本能反应；有的是因为长时间的经验固化；有的是来自于对大自然、环境、事物的联想，这些色彩情感方式因人而异。因此，包装设计应当充分考虑不同感觉的色彩的抽象表现规律，使色彩能更好地反映商品的属性，适应消费者的心理，满足目标消费层次的需要（图3-28）。

图 3-27　可口可乐季节限量包装

此包装设计依然采用经典色红色为主色调。

图 3-28　不同色彩的糖果包装设计

■ **冷暖感** 色彩的冷暖效应是色性所引起的条件反射，蓝、绿、紫等颜色，会给人以水一般冰冷的联想；红、橙、黄等颜色，又带给人们火一般的感受。不只是有彩色会给人冷暖的感觉，无彩色也同样如此：白色及明亮的灰色，给人寒冷的感觉；而暗灰及黑色，则令人有一种暖和的感觉（图3-29）。

■ **兴奋感与安静感** 一般来说，暖色、高明度色、纯色对视觉神经刺激性强，会引起观者的兴奋感，如红、橙、黄等色，称为"兴奋色"。而冷色、低纯度色、灰色给人沉静的感觉，称为"沉静色"。前者令人感到活泼与愉快，若要在设计中表达瑰丽的效果，可用"兴奋色"；后者使人有安静、理智之感，若要表达高贵、稳重的效果，则可用"沉静色"（图3-30）。

图 3-29 矿泉水包装设计

自然、水、声音结合起来的矿泉水包装设计使用蓝色和绿色这种冷色调，会给观者一种冰凉的感觉（图3-29）。

图 3-30 绿色和红色不同颜色的茶叶包装

绿色让人联想到夏天的清爽，清爽的风，带着薄荷和柠檬的味道。夏季本身就是一个小小的生命，充满了明亮的印象和情感（图3-30）。

红色使人联想到夏天的运动，海边冲浪，还有水果派对的味道（图3-30）。

■ **轻重感** 色彩的轻重感主要由色彩的明度决定。一般明度高的浅色和色相冷的色彩感觉较轻，其中白色最轻；明度低的深暗色彩和色相暖的色彩感觉重，其中黑色最重；明度相同，纯度高的色感轻，而冷色又比暖色显得轻。一般来说画面下部多用明度、纯度低的色彩以显稳定，对儿童用品包装，宜用明度、纯度高的色彩以显轻快感（图3-31）。

■ **距离感** 在同一平面上的色彩，有的使人感到突出而近些；有的使人感到隐退而远些。这种距离上的进退感主要取决于明度和色相，一般是暖色近，冷色远；明色近，暗色远；纯色近，灰色远；鲜明色近，模糊色远；对比强烈的色近，对比微弱的色远；鲜明清晰的暖色有利于突出主题，模糊灰暗的冷色可衬托主题（图3-32）。

图3-31 同样图案不同颜色的包装设计

图3-31是文身风格的限量版杜松子酒瓶Bonnie和Clyde。两个瓶子都有风格化的插图，让人联想到文身线条，为产品增添了一种质感，又不会影响其整体魅力。粉色的瓶子看起来轻快、明亮，黑色的酒瓶子给人一种力量敦厚的感觉。

图3-32 色彩构成元素包装设计

3.3.3 色彩的象征性

大多数人都认为色彩的情感作用是靠人的联想产生的，而联想是与人的年龄、性别、职业、社会环境以及生活经验分不开的。此外，长期以来通过人们的习惯造成的色彩固定模式，也使得一些色彩感觉在人们心目中成为永恒。总之，象征是由联想并经过概念的转换后形成的思维方式。

■ **红色** 红色是色谱中的一种暖色，总是与太阳和热量联系在一起，因此可象征爱情、火、激情、侵犯、冲动、兴奋、无畏和力量。红色还可影射危险或紧急情况，从而使人产生攻击性或恐惧感。深暗浓烈的红色给人留下精致、皇家气派、真实可靠、严肃庄重和富有效率的印象；而鲜亮的红色则显得活泼而富有刺激性。红色还可以使人心跳加速、血压升高。在包装设计中，红色通常被作为一种吸引注意力的手段。红色可象征口味的浓烈或者草莓、苹果或樱桃等水果的味道。在我国，红色象征好运、繁荣和幸福，还是新娘礼服的常用色彩（图3-33）。

■ **橙色** 橙色与红色相似，往往与太阳的温暖、能量、繁茂、充沛、狂热、冒险精神、振奋快乐和满足感联系在一起。橙色可在一个产品门类中代表一种强烈而富有活力的品牌，又在另一个产品门类中象征一种刺激性、辛辣或者果香的口味。在个人护理产品中，橙色常与防晒类和护肤类产品联系在一起（图3-34）。

■ **黄色** 黄色象征着生命、太阳、温暖、理想、活力和情趣。黄色是一种积极的颜色，常被用来表达希望，但同时也能表示危害或危险。黄色可刺激眼睛，事实上它是色谱中最富刺激性的颜色；然而，适量使用黄色则可令其成为吸引注意力的最佳颜色。在食品领域，黄色通常用来表示柠檬或黄油、阳光、有益健康和来自农场的清新感觉。在家庭用品领域，黄色既可表示高效性能又可作为警示颜色。在一些文化中，黄色则带有怯懦和欺骗的负面含义（图3-35）。

图3-33　红色化妆品包装设计

■ **绿色**　绿色象征着返璞归真、宁静安逸、生命、青春、新鲜和有机物。绿色能表达出循环回收、更新复兴、自然和环境的概念。绿色还可意味着行动力、好运、金钱和财富。作为公认的最能令眼睛感到舒适的颜色，绿色有一种镇静效果，所以许多产品门类的包装设计都使用绿色，以便传达出轻松惬意、平和舒适的感觉。在许多文化中，绿色意味着"可以通过"。在包装设计领域内用于说明不同口味的颜色中，绿色可代表薄荷口味、酸味、青苹果味和酸橙味。在充满竞争的市场中，越来越多的商家开始采用绿色的包装设计，以便传达出产品有益健康的理念（图 3-36）。

■ **蓝色**　蓝色象征着权威、尊严、忠贞、真诚和智慧，但也代表压抑、沮丧和孤独。它可传递出信心、力量、信任、稳定和安全保障，还可表达祥和、放松的感觉或者一种清醒冷静的效果。从富饶多产和强壮实力到宁静感和放松效果，蓝色家族的各种色彩传递出的感觉也是各有千秋（图 3-37）。

图 3-34　Whoop 巧克力包装设计 1
图 3-34 中的包装设计用橙色代表橘子味。

图 3-35　Whoop 巧克力包装设计 2
图 3-35 中的包装设计用黄色代表柠檬味。

图 3-36　Blanc Naturals 有机护肤品包装

图 3-37　蓝色为主色调的饮料包装

Foxtrot Studio 为澳大利亚护肤品牌 Blanc Naturals 设计了华丽的包装（图 3-36）。Blanc Naturals 使用澳大利亚农场种植的天然成分为现代女性打造精致护肤产品，品牌倡导可持续的有机产品，将高雅的包装与精心调制的配方相结合，传递护肤既是生活也是艺术。为了展现品牌的精神，产品包装将金箔的抽象艺术图案与轻盈细腻的背景完美地融合在一起，营造动态、新奇的体验。

■ **紫色** 在合成染料没出现之前，紫色只能从自然界中获取，获取途径非常困难，因此紫色是稀有且价格昂贵的颜色，主要由富有的贵族阶层或高级教士们使用。后来紫色逐渐开始象征复杂精致、皇族气派、奢华、繁荣、睿智、热衷宗教、神秘、激情和勇敢。深色调的紫色可带来宁静祥和之感，但同时也可象征抑郁消沉和黑暗。对于医疗类以及与健康相关的产品来说，紫色可代表身心和精神层面；而对于食品类产品来说，紫色则意味着浆果类口味，例如葡萄味和蓝莓味（图3-38）。

■ **白色** 白色象征着纯洁、新鲜、纯真、洁净、有效、真诚和现代感。白色也暗示着白雪或冰冷的感觉。白色将光线反射，从而让周围的色彩跃然呈现出来。直到最近，白色还一直是医药类产品包装设计领域的主导颜色，因为白色可代表药品的疗效；由于白色与纯洁紧密联系，也成为乳制品领域的首选颜色。在奢侈品的包装设计中，白色可体现富有和经典之感，但也会显得过于普通而缺乏表现力。在西方文化中，白色象征着纯洁，并且是新娘礼服的颜色；然而在我国的传统文化中，白色则代表哀悼（图3-39）。

图3-38 不同颜色代表不同口味包装

图3-39 抽象线条的极简风格化妆品包装设计

■ **黑色** 黑色可象征坚固结实、值得信赖、始终如一和睿智,而且可唤起人们对于力量的联想。在时装界,黑色代表着大胆无畏、干练时髦、严肃庄重、质优价高、典雅端庄和精致奢华,因此被视为一种经典颜色。直到最近几年,黑色还一直是许多产品设计中的首选颜色,因为这种颜色可暗示这是一款精心打造的可靠产品。在包装设计中,黑色可用来提升其他颜色的视觉效果,从而令这些颜色"跃然"出现在消费者的视野中。黑色还可营造出一种深邃感并传递出力量和清晰感(图3-40)。

■ **金银色** 它是带有金属光泽的色彩。由于本身特有的耀眼光泽,成为华丽、高贵的象征,是高级化妆品以及各式礼品包装常用的点缀色彩(图3-41)。

图 3-40 黑色巧克力包装设计

图 3-41 银色为主色调的包装设计

3.3.4 色彩的运用

■ **商品属性**　包装色彩的商品属性是指各类商品都有自我倾向性色彩或称为属性色调。尤其是同一类产品,当存在不同口味或性质时,往往要借助于色彩予以识别。用色、构图和表现手法等,共同构成商品的属性特点。不同的颜色在视觉与味觉之间会产生不同的感觉,如果包装设计师运用得当,不仅能使商品与消费者之间形成一种心灵的默契,而且能使购买者产生舒适宜人的体验。一般来说,糕点类食品包装的色彩多选用黄色,因为黄色促进食欲;纯净水等饮料的包装喜用蓝色,因为蓝色令人感到凉爽。一瓶咖啡的包装,用棕色体现味浓,用黄色体现味淡,用红色体现味醇。可见,色彩对商品的品质具有一定的影响(图3-42、图3-43)。

图3-42　不同颜色的香薰包装设计

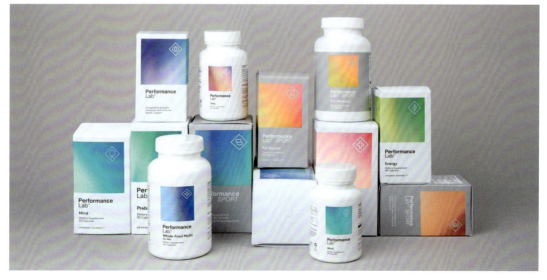

图3-43　Performance Lab 营养胶囊包装设计

■ **依据消费对象**　每一种商品都是针对特定的消费群体,因此,在包装设计时依据消费对象来进行定位设计就显得尤其重要,包装中的色彩设计亦是如此。不同的消费群体对色彩的喜好也存有一定的差异,对色彩的好恶程度会因年龄、性别、职业的不同而差别很大。有不少人认为,男性较喜欢冷色,女性则喜欢暖色,但这主要是基于色彩本身所带给人的联想:冷色显得刚毅,富有男性特征;暖色显得温柔,具有女性气质。所以,依据色彩气质的差异,来针对不同的目标群体商品进行设计,也是一项应当遵循的原则(图3-44、图3-45)。

图 3-44　纸尿裤包装设计

纸尿裤针对婴儿,所以采用柔亮的颜色(图3-44)。

图 3-45　乌克兰 piel 化妆品包装设计

■ **依据地域习俗** 同一色彩会引起不同地域的人们各不相同的习惯性联想，产生不同的、甚至是相反的爱憎感情。因此，产品要占领国际市场，必须重视地域习俗所产生的色彩审美倾向。以我国为代表的东方色彩具有很强的装饰性。每个地域也都有自己本土包装风格（图3-46、图3-47）。

3.4 版面构成设计

3.4.1 包装信息版面构成

当消费者被包装的实体结构或形状、色彩所吸引，从货架上拿到商品后，一般首先看到的是包装的主要信息面，即包装的正面，然后按照从左到右的阅读习惯转向右侧面、背面，从而全面了解商品信息。商品信息依据产品战略和品牌战略有主次之分，根据信息的不同层级分别将其安排在包装的各个版面上，每个版面上所展示的信息层次亦有所不同，包装设计就是将这些不同层次的信息按照一定的视觉流程进行编排，从而引导消费者阅读。

■ **设计元素的主次分析** 分清基础设计元素和二级设计元素的主次地位，才能确定各个元素在包装版面上的位置分布。一般而言，基础设计元素包括营销商和管理机构要求包含的元素，或者通过对关键元素的评估来确定必备的元素，如品牌标志、品牌名称、产品名称、成分说明、净重、营养信息、条形码，以及日期、危害、用法用量、指导说明等。二级设计元素包含所有辅助性的元素，例如产品描述语言或者通过图形、照片、色彩等所进行的"故事讲述"。

图3-46 中国传统风格包装设计

图3-47 希腊风情的Greece食品包装设计

各元素的尺寸大小、位置和相互关系均由基本布局和基本设计原则决定，而且包装设计的总体战略通常采用一种体现层次感的体系，即视觉流程设计。成功的信息层次设计应该使信息便于浏览，按照视觉流程设计，让消费者首先关注重要部分，再依逻辑顺序观赏其他部分（图3-48、图3-49）。

■ **主要信息版面** 无论是由何种材料制成的盒子、瓶子、罐子、圆筒、管状、袋状还是其他包装结构，总有一个或两个版面用来传达商品名称、商标等重要识别信息，这个版面称为主要信息版面或包装的正面（简称PDP）。PDP构成了一项包装设计中关键画面的展示区——通过视觉方式传达该产品的市场战略和品牌战略（图3-50）。

■ **视觉流程设计** 要做到层次感和信息的清晰传达，就要对各信息元素准确定位，并按照视觉语言设计规律进行有效编排，这就是视觉流程设计。所谓视觉流程，是指视觉在空间的运动过程，通俗地说就是受众阅读信息的先后过程。人们在读取信息时必须一处一处地看：先看什么，后看什么，视线在版面上以一种游动的方式进行，这就是视觉流程。在一般情况下，视觉流程设计分视觉捕捉、过程感知、印象留存三个过程。

图3-48　Well & Truly 膨化零食包装

图3-49　坐在糖果云上啄食鸟：Birdie Kandy 糖果包装

图3-50　Co-op 酒包装设计

3.4.2 包装版面的编排原则

包装版面编排作为传达商品信息的载体，编排设计应当在尊重商品信息传递这一功能性的基础上产生艺术性和文化性。编排设计的目的就是对各类主题内容版面实施艺术化或秩序化的编排和处理。特别强调的是不能以单纯的美术创作概念去评判版面编排的价值，而应以特定商品的信息传播效率的高低作为评判的准则。那种为艺术而艺术、为形式而形式的版面编排是不顾功能性的形式主义，不能体现排版的真正目的。基于此，包装版面编排应遵循以下原则。

■ **直观感人** 包装版面设计在传递商品信息时，其视觉传达的各种元素总是直观而具体的。我们不能把这种直观和具体理解为信息量在版面中的简单罗列。一个好的包装不仅仅是让人阅读的，更应当设法打动消费者的情感，使版式所负载的商品信息进入一种艺术感人的氛围中，让消费者在阅读时受到强烈的吸引，从而把视觉享受变化为一种内心体验，进而产生购买欲望（图3-51）。

图 3-52　Vitalis 果汁包装设计

图 3-51　Wagg 狗粮包装设计

图 3-53　Milkyway 奶昔品牌包装设计

■ **概念清楚** 概念是设计思维的基本形式之一。概念反映版面编排中的一般本质特征，设计师在包装设计的过程中，把感受到的版式的共同点提炼出来，加以概括，就形成了概念。例如文字是供人阅读的，图片是供人观赏的，从中提炼出它们的共同特点，就得出视觉信息传达的概念。设计师只有在明确了传达目标后才能得出清楚的概念，才能较好地把握商品包装设计的分寸，才能真正做到概念清楚、传达准确（图3-52、图3-53）。

■ **主次分明** 包装版面编排中视觉传达的所有元素有主次之分，如何处理其主次关系体现了设计师的基本原则倾向。所谓主次分明就是基本素材的角色轻重在版面编排中视觉重心上的执行与贯彻，正所谓"各就各位""各司其职"。在特殊设计中，设计师也可将视觉元素进行版面上的"按需分配"，分别做一些强化或弱化处理，突出主体的同时明确主次关系，以提高视觉效果。主次分明的原则应注意体现在对视觉元素的关注调配及安置上（图3-54）。

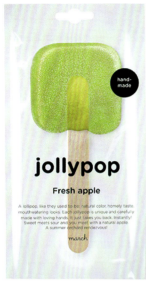
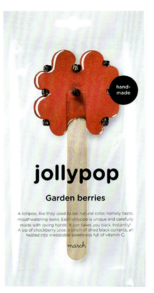
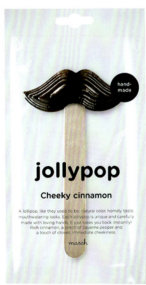
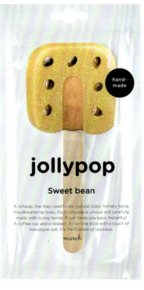

图 3-54 Jollypops 糖果包装设计

Jollypops 是一款手工棒棒糖，造型的设计采用了香蕉、月亮、芒果、樱桃、点点等多种造型去呈现（图3-54）。这套设计在食品设计博览会上出现过。在包装的设计上，直接用了透明的包装袋，让糖果的设计直接展示在消费者面前。透过包装袋可以看到每款棒棒糖都有不同的形状，不仅美观还非常可爱，奇异的造型也引起小朋友的兴趣和喜爱。

3.4.3 包装设计编排规律

在包装设计中，因为预先规定所要表现的内容较多，诸如品牌名、商标、实物形象、色块分割、装饰图案等，因此设计的各部分要向一个目标靠拢，清晰地表达一个含义。

■ **平衡**　平衡就是为了设计作品的外观效果具有"整体感"而将各种设计元素或组成部分汇聚到一处。视觉平衡可以通过对称或不对称的方法创造出来（图3-55）。

■ **对比**　如果各种元素的安排布置强调了彼此之间的差异，对比效果就被创造了出来。对比的方面可以是笔画宽度、尺寸大小、比例关系、色相、明度或空间间隔所产生的正负动态效果。设计成为一个具有基本表现趋势的和谐整体。所以在构图、编排处理中更要注意统筹安排，既要突出主题、主次分明，又要层次丰富、条理清楚，并要结合构图的基本法则，注意平衡、对比、调和、统一的处理（图3-56）。

图3-55　Daiiys化妆品包装设计

图3-56　La Paletería冰棒包装盒设计

■ **张力**　张力就是对立元素间的平衡状态的表现。由于赋予单个元素更多地强调效果，所以运用了张力原理的布局设计，能够激发观看者的兴趣。

■ **明度（色值）**　明度通过色彩的明暗程度被创造出来。运用明度原理，通过明暗对比的方法能有效地控制观看者的注意力（图 3-57）。

■ **正负关系**　正负是指一幅构图中各种设计元素相对立的关系。物体或元素构成前景，围绕该元素的空白处或环境就是背景（图 3-58）。

图 3-57　MilkUp 牛奶包装设计

图 3-58　CUAC AOVE 橄榄油包装设计

■ **轻重感** 这是由于要素形象在色彩、肌理上的不同产生的或重或轻、或前进或后退（远近）的心理感觉。这种轻重感的比较大致是：人比动物重，动物比植物重，动的比静的重。浅底色时，深色的比浅色的重；深底色时，浅色的比深色重。颜色鲜艳的比灰暗的重，近的物体比远的物体重，中心的比四周的重（图3-59）。

■ **布置** 布置就是在一个视觉格局内各元素的相对位置。布置会创造出一个焦点，而焦点则会引导眼睛的观察方向（图3-60）。

■ **排列** 对各种视觉元素的安排，以便顺应人类的感知模式，从视觉效果上支持信息的自然流动（图3-61）。

图3-59　MILLENNIUM 巧克力包装盒设计

图3-60　gonzo 薯圈包装设计

图3-61　Efivos 红酒包装设计

3.4.4 包装设计常用编排类型

版式编排的方式与变化是无穷无尽的，根据有关资料与实践经验可归纳出如下一些常用的编排类型。

■ **重复式编排** 重复式是使用相同或相似的视觉要素或关系元素进行编排，与图案设计中的连续纹样极为相似。重复的编排方式产生单纯的统一感，效果平稳、庄重，可以给视觉留下深刻的印象。在重复的基础上，稍做变化，可以产生多种效果，增加丰富感。如改变极少数的基本视觉元素或关系元素；又如基本形按上下、左右与斜线方向逐渐由大变小，给人以空间移动的深远之感（图3-62）。

图 3-62 采用重复式编排的巧克力包装设计

■ **对称式编排** 对称式可分为上下对称、左右对称等形式。视觉效果一目了然，给人以稳重、平静的感觉。设计中应利用排列、距离、外形等因素，造成微妙的变化（图3-63）。

图 3-63 JEDNA 白兰地包装设计

■ **中心式编排** 中心式编排是将视觉要素集中于中心位置，四周留有空白的构成方法。主题内容醒目、高雅、简洁。所谓中心可以是几何中心、视觉中心，或构成比例需要的相对中心。应讲究中心面积与展示面的比例关系，还需注意中心内容的外形变化（图3-64）。

图 3-64 RITZ 饼干包装设计

■ **倾斜式编排** 使部分元素倾斜排列，由此造成动感，适合运动产品和青少年时尚型产品（图3-65）。

图 3-65 My Cornetto 甜筒冰淇淋包装设计

■ **线框式编排**　利用线框作为构成骨架，使视觉要素编排有序，具有典雅、清晰的风格。在具体编排时要有多种变化，防止过于刻板、呆滞（图 3-66）。

■ **分割式编排**　分割式编排是指视觉上要有明确的线性规律，是形象占有空间位置与面积的构成方法。几何分割的构成关系，可以形成规整的画面形式，严谨均齐。分割的方法有多种：垂直对等分割、水平对等分割、十字均衡分割、垂直偏移分割、十字非均衡分割、斜形分割、曲线分割等。运用分割时需利用局部的视觉语言细节变化，造成生动感与丰富感（图 3-67）。

图 3-66　Magia Piura 巧克力包装设计

图 3-67　CAPRICHO 啤酒包装设计

■ **参插式编排** 参插式编排是多种图形与文字、色块相互穿插、嵌合、透叠、交织的构成方法。多种元素编排能呈现富有个性的视觉效果，既有条理又较丰富多变。在进行组织构成时，也应注意编排形式的协调与平衡，做到乱中求齐、平中求变（图3-68）。

■ **均齐式编排** 均齐式编排具有横向平行、竖向垂直、斜向重复的构成基调，在均匀、平齐中获得对比，这种编排方式大方、单纯，是较为常用的形式。在单一方向的构成中，一般要注意适当处理上、中、下三段关系的变化（图3-69）。

图 3-68　Sanote Zumitos Healthy 健康果汁包装设计

图 3-69　CORNISH ORCHARDS 果汁包装设计

■ **散点式编排** 散点式编排是视觉要素分散配置排列的构成方法，形式自由、轻松，可以造成丰富的视觉效果，构成时需讲究点、线、面的配合，通过相对的视觉中心产生整体感（图 3-70）。

■ **边角式编排** 边角式编排是将基本图形、文字与色块放在包装边角处的方法，有明显的疏密对比关系，视觉效果的冲击力很强，极富现代感，有利于吸引注意力。处理中要敢于留出大片空白，要适度处理空白部分与密集部分的关系（图 3-71）。

图 3-70　SVENSKA GLASSFABRIKEN 冰淇淋包装设计

图 3-71　TEAONE 茶包装设计

3.5 专题拓展

优秀案例分析（图 3-72~ 图 3-79）

图 3-72、图 3-73　你好大海设计公司为溢涌堂品牌策划的包装设计

溢涌堂尊重与珍惜中国历经千百年来累积的传统文化及生活智慧，尊重自然养生规律，致力于探索发展养生文化与东方文化和谐共存。溢涌堂的理念是让溢涌堂品牌理念与品牌气质和中国之美更融洽地结合与发扬，塑造溢涌堂品牌形象，同时保护及传承中国之美。

图 3-74 ～图 3-76　你好大海设计公司为溢涌堂品牌策划包装设计「春燕 鹿鸣 风鹤」

如图 3-72、图 3-73，品牌形象分别采用了皇上和贵妃，凸显产品的气质，为消费者构建更加优越的视觉体验。宫廷形象，使品牌人格化，也能让消费者对品牌产生记忆点。除了人物形象外，还采用了一些动物，例如春燕、鹿鸣、风鹤等，来代表天、地、人，象征人与自然和谐共生（图 3-74 ～图 3-76）。

图 3-77 以皇帝形象为图案的包装设计

图 3-78 口服液内包装瓶贴设计

图 3-79 溢涌堂品牌整体包装设计

溢涌堂作为东方轻养生品牌，以东方中医养生作为依据，并结合现代科技，形成独特的东方轻养生文化概念。溢涌堂提倡尊重自然规律，致力于养生文化与东方文化和谐共存、传承与创新并驾齐驱，打造出将传统精髓融入现代生活的全新品牌，带领消费者追溯中式生活的质感，唤醒消费者的健康与养生意识。

3.6 思考练习

■ **练习内容**

1. 在产品包装中找出一款你认为不合理的品牌文字,并进行改良设计,练习字体在包装中的应用。

2. 利用包装设计构图原则对某一款包装进行改良设计。

■ **思考内容**

1. 包装设计上的文字有哪些使用规范?

2. 包装设计中的色彩运有哪些注意事项?

3. 包装的排版形式有哪些类型?

扫一扫了解更多案例

第 4 章 包装的材料与结构

内容关键词：

包装的材料 结构

学习目标：

- 了解包装设计所使用的材料
- 明确包装结构的类型

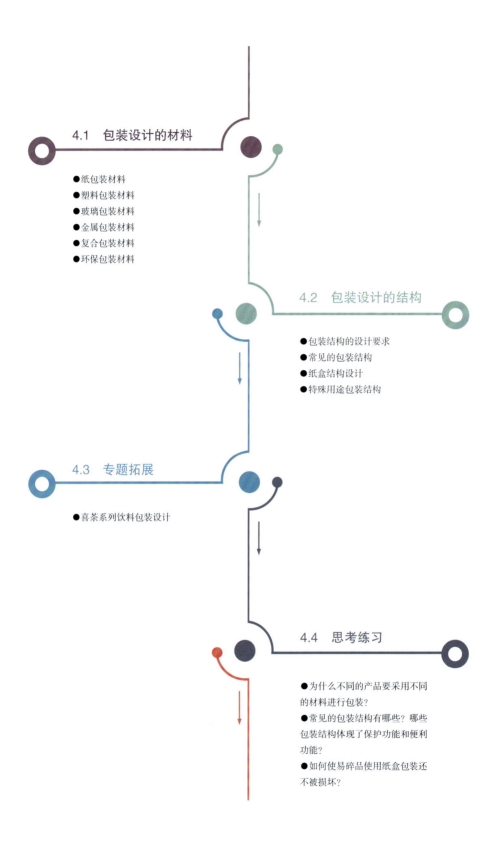

4.1 包装设计的材料

包装材料是设计时需要考虑的基础条件，包装材料的性能是由它本身所具有的特性和各种加工技术所赋予的。选用包装材料需根据内装物的性能、物流环境、消费者爱好以及包装材料本身的性能、供求状况、生产工艺技术条件、成本费用和环保要求等因素进行综合考虑。

4.1.1 纸包装材料

纸包装材料加工方便、成本经济、适合大批量机械化生产，而且成型性和折叠性好，适合印刷工艺（图4-1、图4-2），并具有可回收再利用、环保、经济等优点，是目前包装行业中应用最为广泛的一种材料。纸包装材料大体上可分为纸、纸板、瓦楞纸三大类。纸张的品种主要有以下几种。

■ **白板纸** 白板纸背面有灰底与白底两种，质地坚固厚实，纸面平滑洁净，具有较好的挺立强度、表面强度、耐折和印刷适应性，定量为 $200g/m^2$、$220g/m^2$、$250g/m^2$、$280g/m^2$、$350g/m^2$、$400g/m^2$，适于做折叠盒、吊牌、衬板与吸塑包装的底托。因价格较低，包装中采用最为广泛（图4-3）。

图 4-1 日本 UMA 设计公司为 Mme KIKI chocolat 设计的巧克力包装，利用不同的颜色来区分不同的巧克力口味

■ **铜版纸** 主要采用木、棉、纤维等高级原料制成，定量在 30~300g/m² 左右，250g/m² 以上称为铜版卡纸，可用于凸版（铜版）、凹版印刷和胶版印刷。铜版纸的原纸面均涂一层由白色颜料、黏合剂及各种辅助添加剂组成的涂料，经超级压光而成，分单面与双面涂布两种。铜版纸版面洁白、平滑度高、防水性强，印后色彩鲜艳，适用于多色套版印刷，如礼品盒、彩色包装盒及吊牌的印刷。克度低的铜版纸适用于盒面纸、瓶贴、罐头贴等的印刷（图 4-4）。

■ **胶版纸** 定量在 40~80g/m² 左右，纸质中含少量棉花和木纤维，其光滑度、紧密度、洁白度均低于铜版纸，用于彩印时，会使印刷品暗淡失色。胶版纸适用于样本的内页、信纸、信封、产品使用说明书和标签等单色凸印与胶印印刷，还可用于印刷简单的图形、文字后与黄版纸裱糊制盒，也可用机器压出密瓦楞，置于小盒内作衬垫。

图 4-2　纸质手提袋

图 4-3　酒瓶上的标签为白板纸材质

图 4-4　包装袋上使用的标签为铜版纸

■ **草纸板** 草纸板的质地较粗糙、韧性较差,受潮后底容易翘曲变形,一般用于较低廉的物品包装,或者作为包装纸盒内衬或隔板。

■ **特殊纸张** 包括过滤纸,主要用于袋泡茶的小包装;油封纸,可用在包装的内层,对易受潮变质的商品具有一定的防潮、防锈作用;浸蜡纸,特点为半透明、不粘、不受潮,用于香皂类的内包装衬纸(图 4-5、图 4-6)。

图 4-5　一组纸材质包装 1

图 4-6　一组纸材质包装 2

- **卡纸** 卡纸有白卡纸与玻璃卡纸两种。白卡纸纸质坚挺耐磨、洁白平滑，玻璃卡纸纸面富有光泽，玻璃面象牙卡纸纸面有象牙纹路。卡纸定量为220~270g/m²，价格比较昂贵，因此一般用于礼品盒、化妆盒、酒盒、吊牌等高档产品的包装（图4-7）。

- **牛皮纸** 牛皮纸的质地坚韧且价格低廉。其本身的灰棕色赋予它特殊的表现力和内在魅力。牛皮纸定量40~120g/m²，有良好的耐折性、撕裂性和抗水性，适合于裹包商品或制作封套、纸袋等。

- **艺术纸** 艺术纸是一种表面带有各种凹凸花纹肌理、色彩丰富的纸张。它工艺特殊，因此价格较贵，一般只用于高档包装、纸签的印刷（图4-8）。

图4-7 AVEG PLAISIRE餐饮品牌包装设计，包装材质为卡纸

图4-8 电影节衍生品采用纸张为艺术纸

■ **再生纸** 再生纸的纸质较疏松，但价格低廉，是一种经回收再利用的绿色环保纸张。现在设计师和生产商都看好这种纸张，是今后包装用纸的一个主要方向。

■ **铝箔纸** 由铝箔衬纸与铝箔黏合而成，一面洁白，另一面具有金属光泽。铝箔纸具有良好的防水、防潮、防霉、防尘和不透气性能，以及防止紫外线、耐高温、保护商品原味和阻气效果好等优点，可延长商品的保质期。多用于高档产品包装，如高级香烟、糖果的防潮包装。铝箔纸还可制成复合材料，被广泛应用于新包装（图4-9）。

■ **瓦楞纸** 瓦楞纸是将纸张通过瓦楞机辊加压而获得压有凹凸瓦楞形的纸，用途广泛，可以用作运输包装和内包装。根据瓦楞凹凸的大小，一般凹凸深度为3mm的称为细瓦楞纸，常直接用于玻璃器皿的防震挡隔纸；凹凸深度为5mm左右的称为粗瓦楞纸。将瓦楞纸两面裱上面纸（黄板纸或牛皮纸）便成为瓦楞纸板。由一层瓦楞纸和两层面纸黏合而成称为双面单瓦楞纸；由两层瓦楞纸中夹一层里纸，外面两层面纸黏合而成称为双面双瓦楞纸。瓦楞纸轻巧坚固、载重耐压、防震、防潮，用途十分广泛（图4-10）。

图 4-9　铝箔纸材质包装

图 4-10　瓦楞纸材质的鸡蛋盒包装

4.1.2 塑料包装材料

塑料是一种以合成树脂为基本成分,加入增塑剂、稳定剂、填料、染料等人工合成的高分子材料。根据组分的性质可分为单组分塑料和多组分塑料,用于工业生产的有300多种。用作包装材料的主要有聚氯乙烯塑料和聚乙烯塑料、聚丙烯塑料、聚苯乙烯塑料、聚酰胺塑料、聚酯塑料等。塑料作为包装材料具有良好的防水防潮性、耐油性、透明性、绝缘性,而且成本低、可着色、易生产,可塑造多种形状和适应印刷,使用率仅次于纸类,是一种被广泛用作包装的材料。但缺点是不耐高温与低温,易聚集静电,透气性差以及对环境造成污染。按照用于包装上的形式分类,塑料包装材料可以分为塑料包装容器和塑料薄膜两大类(图4-11、图4-12)。

图4-11　塑料材质饮料包装1

图4-12　塑料材质饮料包装2

■ **塑料薄膜** 是用各种塑料通过特殊加工制成的薄膜。塑料薄膜一般具有透明、柔软、质量轻、强度大、无臭、无味、气密性好、防潮、防水耐热、耐油脂、耐药剂、耐腐蚀、可以热封合、适应机械操作等特点，广泛用作多种商品、物资的包装材料。但对不同的内装物，应根据其性质和包装要求，选择不同的塑料薄膜，否则会发生机械操作困难、包装破损、内装物变质损坏等现象（图4-13）。

图4-13 塑料薄膜糖果包装

■ **塑料容器** 是以塑料为基材制造出的包装容器,其优点是成本经济、质量轻、可着色、易生产、耐化学性、可塑造多种形状,缺点是不耐高温(图4-14、图4-15)。塑料容器成型方法主要有下列几种。

(1)挤塑:即挤出成型。主要用于生产管材、片材、柱形材等特定型材。

(2)注塑:即注塑成型。这种工艺需先制造出模具后进行大批量生产,目前被广泛应用于塑料包装容器、塑料杯、塑料盒、塑料瓶、塑料罐等容器的制造。

(3)吹塑:是制造中空瓶型容器的主要方法,如化妆品、饮料瓶、调料瓶等大都采用这种工艺。

图4-14 塑料材质化妆品包装设计1

图4-15 塑料材质化妆品包装设计2

4.1.3 玻璃包装材料

玻璃以石英砂、纯碱、长石及石灰石等为主要原料,有时也加入少量澄清剂、着色剂或乳浊剂,经混合、熔融、澄清和匀化后加工成型,再经退火处理而成。玻璃具有高度的透明性、不渗透性及耐腐蚀性、耐酸、无毒、无味,与大多数化学品接触都不会有性质的变化。玻璃制造工艺简便,可制成各种形状和颜色的透明、半透明和不透明容器,并具有易清理、可反复使用等特点。玻璃作为包装材料主要用于膏体、液体(如食品油、酒类、饮料、调味品、果酱类、化妆品、医药类以及化工产品)等包装。缺点是密度大、运输存储成本较高、不耐冲击、易破碎等(图4-16~图4-18)。

图4-16 玻璃材质饮料包装设计1

图4-17 玻璃材质饮料包装设计2

图4-18 玻璃材质果酱包装设计

4.1.4 金属包装材料

金属具有牢固、抗压、不碎、不透气、防潮及延展性好等特征。随着金属加工和印铁技术的发展，金属包装的外观也越来越漂亮，为商品包装提供了良好的条件（图4-19～图4-21）。

■ **马口铁** 它是两面镀锡的薄钢板，在完好的保护层下，金属光泽持久不变、耐腐蚀。由于它自身的坚韧以及便于印刷等优点，常用做高级饼干、咖啡、茶叶、巧克力、奶粉、罐头食品、医药品以及啤酒、喷雾罐等的包装容器。

■ **铝合金** 以铝为基材再加上其他金属合成为铝合金。它具有密度小、不会产生锈蚀、延展性大、可直接印刷等优点，因此成为铝"冲拔罐"的材料，可用于制作罐、盘、桶、杯盖等包装容器。

图4-19　金属材质茶叶盒包装设计

图4-20　金属材质饮料包装设计

图4-21　Miami罐装鸡尾酒包装设计

图4-21中的鸡尾酒瓶瓶身为金属材料，在罐口采用密封包装，用来装液体，方便运输的同时，还能防止液体渗漏、氧化等。

■ **铝箔**　铝箔是厚度不超过 0.2mm 的铝或铝合金箔片。它是金属箔材中用途最广、用量最大的一种包装材料。其特点是质量轻、遮光性好、表面平整光泽、对光和热有较高的反射能力、不易腐蚀、无毒、防潮、不透气、易加工、便于着色印花、能与纸或塑料薄膜复合制成材料，但撕裂强度低、易卷曲、不耐碱、怕强酸。它广泛用于包装冷冻水果、肉类、糖果糕点、巧克力、咖啡、奶油、乳酪等。

4.1.5　复合包装材料

复合包装材料是把几种不同的材料，通过特殊的加工工艺，把具有不同特性材料的优点结合在一起，成为一种完美的包装材料。它具有最好的保护性能，又有良好的印刷与封闭性能。复合包装材料的种类很多，包括玻璃与塑料复合，塑料与塑料复合，铝箔与塑料复合，铝箔、塑料与玻璃纸复合，不同纸张与塑料复合等（图 4-22～图 4-25）。主要的复合包装材料有以下几种类型。

■ **防腐复合包装材料**　它可以用来解决有些金属制品的防腐问题。其外表是一种包装用的牛皮纸，其中一层是涂蜡牛皮纸，并加入防腐剂。这样，金属内装物表面就形成一层看不见的防腐层，任何条件下都可以保护内装物，防止腐蚀。

■ **耐油复合包装材料**　通常这种材料由双层复合膜组成，外层是具有特殊结构和性质的高密度聚乙烯薄膜，里层是半透明的塑料，薄而坚固、无毒、无味、可直接接触食品、不渗透油脂、不会粘连，应用很广。用这种材料来包装肉类产品，可以保持其原有的色、香、味。

图 4-22　一组复合包装材料

■ **防蛀复合包装材料** 这是一种将防虫蛀的胶黏剂用在食品包装材料上而成的复合包装材料。它可以使内装物长期保存,不生蛀虫,但这种胶黏剂有毒,不可直接用于食品包装。

■ **特殊复合包装材料** 这是一种特有的食品包装材料,可以使食品的保存期增加数倍。材料无毒,是用明胶、马铃薯淀粉以及食用盐等材料复合而成,可以用于储存蔬菜、水果、干酪和鸡蛋等。

图 4-23 复合包装材料设计 1

图 4-24 复合包装材料设计 2

4.1.6 环保包装材料

■ **自然包装材料** 如各种贝壳、竹、木、柳、草编织品和麻织品等,常被用于土特产品和礼品包装,能赋予产品一种亲切感、人文感。如图 4-26 是一款蜂蜜的包装,包装采用了木头并且加入仿生设计,包装的外形设计成蜂巢的样子,使消费者马上就能知道这是蜂蜜包装。

图 4-25 防腐复合包装材料设计

图 4-26 木质材料包装

■ **易降解的新型环保包装材料** 这是为缓解白色污染的情况而研制的最新材料，也是今后包装材料的主要发展方向。

（1）秸秆容器。这是利用废弃农作物秸秆等自然植物纤维，并添加符合食品包装材料卫生标准的安全无毒成型剂，经独特工艺和成型方法制造的、可完全降解的绿色环保产品。该产品耐油、耐热、耐酸碱、耐冷冻，价格低于纸制品。该产品不仅杜绝了白色污染，也为秸秆的综合利用提供了一条有效途径。

（2）真菌薄膜。在普通食品包装薄膜表面涂上一层特殊涂层，具有鉴别食物是否新鲜、有害细菌含量是否超出食品卫生标准的功能。

（3）玉米塑料。它是美国科研人员研制出的一种易于分解的玉米塑料包装材料，是玉米粉掺入聚乙烯后制成的，并能在水中迅速溶解，可避免污染源和病毒的接触侵袭。

（4）油菜塑料。英国研制成功了从制作生物聚合物的细胞中提取三种能生塑料的基因，再转移到油菜的植株中。经过一段时间便产生一种塑性聚合物液，再经提炼加工，便可成为油菜塑料。丢弃后能自行分解，没有污染残留物。

（5）小麦塑料。小麦塑料是小麦面粉添加甘油、甘醇、聚硅油等混合而成的。它是一种半透明的可塑性塑薄膜，能由微生物加以分解。

（6）木粉塑料。近来刚由日本科技人员从松木粉中提取多元醇与异磷酸并发生反应后生成聚氨酯。这种木粉塑料包装材料抗热能力较强，并可被生物分解。

（7）CT塑料。这是在聚丙乙烯塑料中加入大约一半数量的产自辽宁的滑石粉而制成的新复合材料。它不仅耐高温，而且功能相当于泡沫塑料制品，但体积只有它的1/3，缓解了因体积庞大而产生的运输、储存、回收等问题。

4.2 包装设计的结构

将基本的材料,通过合理的设计,进行符合目的的加工,在保护内容物方面下工夫,更进一步考虑到便利、经济和展示等设计要求,使结构发挥其效用,这就是包装结构设计的意义所在。

4.2.1 包装结构的设计要求

■ **包装结构与保护性** 包装最重要的功能就是保护性。如果盛装的商品被损坏,那包装就全无意义了。因此,从包装结构方面来说,它虽不要求像计算建筑结构那样复杂,但也必须考虑其载重量、抗压力、抗振动、抗跌落的性能等多方面的力学情况,考虑是否符合保护商品的科学性,即用何种结构、配合何种材料能使所包装的商品安全地到达消费者手中(图4-27)。

图4-27 具有保护功能、方便携带的柠檬包装设计

- **包装结构与便利性**　在设计时要考虑到消费者的实际需要。主要有以下两点。

（1）在使用商品时，要便于开启。例如饮料罐一般都采用易开装置，并已成为这种包装的标准化开罐方式。又如小食品袋的封口边上有一个或一排撕裂口，这个撕裂口虽然在精美的包装袋上非常不起眼，但却为消费者开启包装袋提供了极大的方便（图4-28）。

（2）要便于从购买的地方携带回家，这时就要有手提搬运的形态和构造。如较大的包装，像饮料、酒、点心盒、电热水瓶等都在纸盒结构设计上采用提的形式（图4-29）。

图4-28　便于撕开的护肤品包装设计

图4-29　便于携带的饮料包装设计

包装结构与展示性

（1）展开式。展开式是包装结构的另一种处理方法，就是在纸盒的摇盖上根据图像的特点压上切线，压切线的两端，连接横于盒面中的折叠线。当盒面关闭时，盒面是平的，便于装箱储运；打开盒盖，从折叠线处折转，并把盒子的舌口插入盒子内侧，盒面图案便显示出来，与盒内商品互相衬托，具有良好的展示和装饰效果（图4-30）。

（2）开窗式。由于百货公司和超级市场的不断发展，包装的任务已不仅是盛放、保护商品，还必须有优良的展示效果，以适应市场竞争的要求。包装盒的结构设计要能使消费者知道里面装的是什么，其常用的表现方法是把纸盒的一部分开窗，让消费者直接看到里面的实物，这种做法从某种意义上要比印刷图片更吸引消费者（图4-31）。

（3）悬挂式。还有一种被称作悬挂式结构的包装，它有效地利用货架的空间以陈列、展销商品。如小五金、文具用品、洗涤用品、小食品等，通常以吊钩、吊带等结构形式出现（图4-32）。

图 4-30　展开式结构包装设计

图 4-31　意大利面食品牌 PIETRO GALA 牛皮纸包装设计

图 4-32　悬挂式结构包装设计

■ **包装结构的组合形式**　商品常常是以组合形式展现给消费者的，如咖啡具、颜料、啤酒、套装的礼品等。这时，对于设计者来说，就必须顾及包装的协调性。因此，如何使相同尺寸的商品有序地排列，又使不同尺寸的商品合理地组合，对设计者来说是一个需要认真考虑的问题（图4-33、图4-34）。

4.2.2　常见的包装结构

商品的包装结构多种多样，如盒式结构、罐式结构、袋式结构、篮式结构、碗式结构、盘式结构、套式结构等。这些结构的形成，一方面基于商品对包装的需要，包括保护性需要、销售性需要和展示性需要等；另一方面也基于包装材料的特性，包括其优越性和可塑性等。下面介绍几种常见的包装结构样式。

■ **盒（箱）式结构**　盒（箱）多用于包装固体状态的商品，既利于保护商品，也利于叠放和运输，是一种常见的包装结构。它多以纸材料制成。除纸复合材料外，它还可用塑料、竹、木、金属等材料制成。塑料盒可压制成型，木盒以板材构成，竹质包装盒则可以竹片构成或以竹丝编织而成（图4-35）。

图4-33、图4-34　组合式结构包装设计

图4-33、图4-34为多肉植物组合式包装，展开之后有三个格子，中间的格子放了多肉植物，两边的格子放了用玻璃罐装起来的营养土。盒子展开时便于销售展示，盒子合上之后便于消费者运输和携带。

图4-35　Trà đinh 茶叶包装设计

Trà đinh 茶是越南 Nguyen 小镇（以绿茶闻名的小镇）的特色产品。2018年 Trà đinh 茶制定了新的包装计划，由 Dat Nguyen 重新做了设计，最终以崭新的多彩包装呈现（图4-35）。相比传统的茶叶包装，这款茶叶为茶叶市场带来了全新的面貌。

■ **罐（桶）式结构**　罐（桶）多用于包装液体、固体及液固混装的商品。它可以密封，利于保鲜，是常用的食品的包装。它多以金属材料，包括铁、铝、合金等制成。罐配以喷口结构，可制成喷雾罐，被广泛用于工业、农业、医药、卫生等日常生活及艺术、装潢等各个领域。而铁桶则是一种广泛应用于石油、化工、轻工、食品领域的商品包装（图 4-36、图 4-37）。

■ **瓶式结构**　瓶多用于包装液体商品，以金属或塑料材质作为瓶盖，具有良好的密封性能。它多以玻璃、陶瓷塑料制成，常见的如酒瓶、饮料瓶、药瓶等。作为容器可以有多种多样的造型（图 4-38、图 4-39）。

图 4-36　罐式饮料包装设计

图 4-38　瓶式饮料包装设计

图 4-37　桶式油漆包装设计

图 4-39　瓶式护肤品包装设计

■ **篮式结构** 篮多用于包装综合性礼品。将一组礼品装在一个精心设计的篮子里，外面再用透明的塑料薄膜或用软纸进行包扎，形成一个丰富多彩的花篮或水果篮，可作礼品之用。

■ **套式结构** 套式结构多用于包装筒状、条状、片状商品。常以布、纸或塑料制成，如伞套、领带套、光盘套、唱片套等（图4-40）。

■ **袋式结构** 袋多用于包装固体商品。容积较大的有布袋、麻袋、编织袋等；容积较小的有手提塑料拎袋和包装食品的塑料袋、铝箔袋、纸袋等。其优点是便于制作、运输和携带（图4-41）。

■ **碗式、盘式和杯式结构** 碗、盘、杯多用于包装食品。以塑料或硬纸制成容器，上面以纸、塑料或塑料薄膜作盖，内装食品。碗式包装多用于盛放主食，如快餐面；盘式包装多用于盛放副食、菜肴；杯式包装多用于盛放作料或冷冻食品，如果酱、冰淇淋（图4-42）。

图4-40 套式伞包装设计

图4-41 米袋包装设计

图4-42 碗式冰淇淋包装设计

■ **泡罩式结构** 将产品置于纸板或塑料板、铝箔制成的底板上,再覆以与底板相结合的吸塑透明罩,既能通过塑料罩透视商品,又能在底板上印制文字与图案。适用于配套产品的集合包装,如五金工具、零配件等,也常用于包装药片、玩具、生活用品等(图4-43)。

■ **管式结构** 多用于包装糊状商品,以金属软管或塑料软管制成,以便于使用时挤压,多带有管肩和管嘴,并以金属盖或塑料盖封闭(图4-44)。

图4-43 泡罩式唇膏包装设计

图4-44 管状护肤品包装设计

4.2.3 纸盒结构设计

在日常生活中，纸盒结构的包装形式出现得最多。因为纸材轻，便于大规模生产和回收，利于环保，易于加工，并可与其他材料复合使用，因此广泛运用于烟酒、食品、化妆品、服装、医药品、电器产品、工艺品包装等领域（图 4-45）。

■ **纸盒的造型结构** 纸盒造型结构在与不同面相互结合建构立体形态时，采用折、插、穿、黏、钻、套六种手段作为创造基础。

（1）折。折叠是纸盒造型结构设计中最基本的立体组型技巧，在结构设计时运用易折叠的设计技巧围拢盒体。简洁易折的盒形设计便于工业化生产，也有一些特殊的几何形多面体盒形结构需要手工折叠，使其形成连接的盒体。

（2）插。这是纸盒造型结构的底部或封口部位密切结合的设计技巧，设计精确的割缝和切面相互插入，具有抗压、抗拉的物理性能，加固盒体各面之间的组立。

（3）穿。穿与插往往相互作用在盒底和封口部位，利用纸张本身的弹力穿插加固盒体的硬度，穿插技巧可使纸盒造型直立挺拔并免于胶合。

（4）黏。在纸盒造型结构组立过程中，黏合固定使盒形更加强固挺立。

（5）钻。在盒底和封口部位利用划痕钻出圆形或其他线性结构，纸张弹性原理会使盒子结合时产生拉力，也可以在盒子某体面钻出不同结构，作为底托，以缓冲内容物造成的压力。

（6）套。是纸盒造型结构相互套挂、形成组立的技巧。

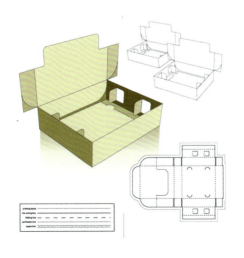
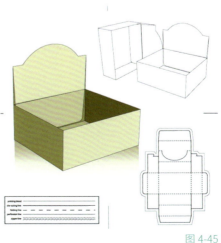

图 4-45

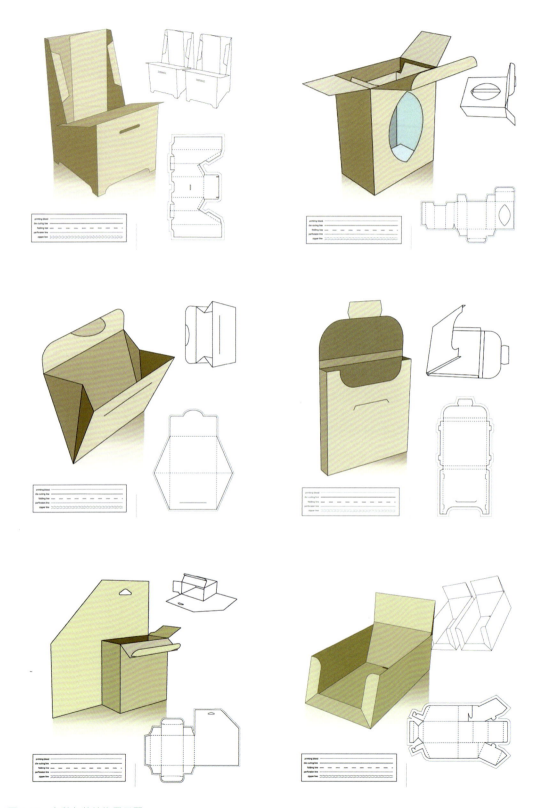

图 4-45 各种包装结构展示图

纸盒包装的形式

（1）摇盖式。摇盖式盒是目前广泛使用的包装形式，即盒身两侧有两个小摇盖，盒盖的一边是与盒身纸张固定而连接为一体的，使用时摇动开启。这类盒形的盖与盒体结合在一起，折叠成形，成本低，使用方便（图4-46）。

图4-46 摇盖式礼盒包装设计

（2）套盖式。套盖式盒形结构普遍运用于纺织服装、五金包装以及一部分食品包装。盒盖与底由两块纸板分别制成，盒身多折叠成形与盒盖相套合，免于咬合的麻烦，因此便于标准化机械生产和再回收处理，也是目前市场运用较多的一类盒形（图4-47）。

图4-47 套盖式礼盒包装设计

（3）台式。这种包装形式的商品下部有一平台式底座托装置加以固定，其盖部可以是摇式，也可以是套式，一般用于高档包装，如香水、工艺品等（图4-48）。

（4）开窗式。开窗式盒形结构由于薄膜的保护使商品形象的一部分直观展示给消费者。开窗的盒形结构既保护了商品，又满足了消费心理需求。此类盒形由于功能独特，多年来一直深受消费者青睐，经久不衰（图4-49）。

图4-48 台式礼盒包装设计

图4-49 开窗式意大利面包装设计

（5）陈列式。陈列式纸盒又称POP装盒，在超级市场中运用较多，它有时起到广告的作用。陈列式外形变化较多，尤其是盖部的造型可根据商品需要做出别致而富有意趣的变化，其形式有可打开支撑的盒盖侧面以展示内容，打开部分常常加以宣传说明，图形色彩设计生动，产生十分强烈的视觉吸引力，以起到促销的效果（图4-50）。

（6）可挂式。可挂式包装造型结构往往与开窗式相结合以展示商品，它是陈列式纸盒的一种转化形式，也可以是自身的变化形式。这类包装适用于质量较轻、有一定趣味性的商品，如玩具、休闲食品、服饰、皮具、小五金等商品（图4-51）。

图4-50　陈列式儿童产品包装设计

图4-51　可挂式包装设计

（7）书本式。这种包装结构的纸盒形状像一本书，是摇盖式的新形态，用于录像带、酒类、药品类、巧克力礼品包装（图4-52）。

（8）连体式。又称姐妹式，具有两个以上单元连成的更多空间的组合包装，每个单元中放一件内容物，既要注意整体的大效果，又要注意打开后的变化形式。这类盒形设计的结构适用于盛放两种或以上不同但又相关联的产品，适合作为礼盒赠送（图4-53）。

图4-52　书本式包装设计

图4-53　连体式包装设计

（9）方便式。方便式盒形结构大都有提手，一般用于体积较大的商品包装，其特点是方便携带，追求功能上的合理性。方便提式有多种结构：以纸器为主，有绳索穿系作为提手；以纸器与手提为一体构造的形态可提挂兼用；另外还有纸器与手提构造分开的形态（图4-54）。

（10）抽拉式。也称套装式，其套盖可以分为一边开口和两边开口两种形式，抽开后的内盒可以是散开的，也可以是封闭的，以形成多层次的变化。火柴盒就是典型的抽拉式盒。抽拉式纸盒多用于文教用品（图4-55）。

图4-54　方便式包装设计

图4-55　抽拉式包装设计

（11）旋转式。纸盒套扣与被套的两部分中有一角加以固定，为可转动的轴心，开启与关闭都是旋转形式，以增加使用中的趣味性。这种形式适合于办公桌上用品及 POP 展示。

（12）封闭式。封闭式包装盒一般为饮料、药物包装，其功能是防泄漏，形式是全封闭的。主要特点是沿开启线撕拉开启，以吸管伸入小吸孔，附加小盖的封闭处理（图 4-56）。

（13）易开式。又可称自动式，即外部结构形成半自动开启的处理。如利用纸板的弹性做开启、关闭、别插等结构。可用于药品、小百货等产品（图 4-57）。

（14）漏口式。漏口式包装是有活动漏斗作为开启口的结构形式，一般用于粉状或小粒状内容物的包装，如粮食制品、洗涤制品、巧克力豆、麦圈等，以方便控制用量（图 4-58）。

图 4-56　封闭式 MOJO 风味牛奶包装设计

图 4-57　易开式包装设计

图 4-58　漏口式包装设计

（15）外露式。即商品的一部分伸出盒外的形式。在设计中利用产品外露本身加上盒面装潢与之相证，可以取得生动的效果，但要注意商品固定结构的设计，以防止损坏外露的内容物（图4-59）。

（16）异形盒。变化幅度大、造型独特，富有装饰性的视觉效果。其处理手法是对面、边、角加以形状、数量、方向、减缺等多层次处理。异形盒用于儿童用品、土特产品、机电产品的包装，装饰性强（图4-60）。

（17）仿生式。即以纸盒立体造型仿制某种形象，模拟形态往往与盒面装潢图形配合，以取得生动活泼的趣味性。这种仿生模拟的设计形式要注意高度简练与单纯，以有规律的几何形概括对象，并赋予相应的形象装饰，用于儿童用品、娱乐用品或节日用品与旅游纪念品包装，趣味性浓（图4-61）。

图4-59　外露式包装设计

图4-60　异形盒包装设计

图4-61　仿生果汁包装设计——果汁的肌肤

无印良品产品设计师深泽直人，设计的以自然植物外衣为包装的"果汁的肌肤"。设计师为了还原最本真的人类体验，包装一度借鉴和模拟自然物表面的纹理质感和组织结构，并最大限度地发挥产品的实用性，让使用者感觉仿佛真的手握果子。

4.2.4 特殊用途包装结构

由于社会的进步，商品经济的发展，包装设计从过去单一的保护功能变得需要更具适应性，消费者提出的要求更多，市场变化呈现多元。

■ **便利性结构**　包装在商品被使用过程中需增加一些辅助功能，使商品功能更有效、更便捷地发挥。如狗粮包装盒，在盒顶面封口铝箔纸上增加一"舌头"，既方便开启，又能使包装盒看起来更有趣，和产品相互协调（图 4-62、图 4-63）。

■ **安全结构**　在众多包装形式中，对部分商品包装需要特别强调安全问题。如装有药品、家用清洁剂和杀虫剂等危险品的包装，不能被儿童开启，但又要不影响成人正常使用。还有部分洗发液和沐浴液包装选用玻璃材料，这就增加了危险性，其原因是通常情况下消费者是在手上有水的状况下使用，如果容器造型是圆形，开启就会变得更困难和有危险（图 4-64）。

■ **防窃启结构**　为了防范偷窃和破坏行为带来的损害，在包装设计中必须将防窃启的要素考虑进去。通过强化包装手段，制止那些投机取巧的非法窃启者的不法行为。其手段主要有两种：一是将结构设计复杂，让窃者几乎无法下手；另一种是开启包装后无法复原，并留下明显的开启痕迹，让消费者一目了然，拒绝购买。

图 4-62　方便开启式狗粮包装设计

图 4-63　方便开启式洗衣粉包装设计

沿洗衣粉包装上部分虚线裁剪会得到一个勺子，这个勺子可以用来舀洗衣粉，从而方便消费者使用（图 4-63）。

图 4-64　klee kids 儿童沐浴露包装设计

图 4-64 的包装材质采用了安全无毒的塑料材质，较玻璃材质更加耐摔，采用按压式结构，在使用过程中更加方便、安全。

4.3 专题拓展

优秀案例分析（图 4-65、图 4-66）

图 4-65　喜茶品牌标识

"喜茶"的标识是一个小人在喝茶的形象，这样的表达方式会让人觉得很酷。简约是"喜茶"品牌规划的一大理念，标识用了简单的黑色卡通图案，无论是色彩的使用还是图案都不花哨却特性十足。

图 4-66　喜茶系列果饮包装设计

常见的喜茶包装设计是透明的塑料杯身配上简洁的标识，杯身较长，或者是极简白色小杯子上面印上标识。这样的设计凸显了经营理念中的简约大方，在实用的同时，起到了美观的作用。

便利的包装更符合当代生活节奏快的顾客需求，喜茶在包装上更多地采用了便利性为主的设计方向，例如透明或开窗式包装可以方便消费者挑选；外带的包装则采用固定的纸盒，让杯与杯之间不发生碰撞，避免撒漏的状况出现，方便携带和运输；杯盖设计了旋转打开方式，方便消费使用，包装的便易性大大增添了商品的吸引力。

4.4 思考练习

■ 练习内容

1. 收集市面上的各种包装材料，以 PPT 的形式结合产品本身进行分析。

2. 找出不同类型的纸盒包装平面图，根据平面图做出纸盒包装（至少三个）。

■ 思考内容

1. 为什么不同的产品要采用不同的材料进行包装？

2. 常见的包装结构有哪些？哪些包装结构体现了保护功能和便利功能？

3. 如何使易碎品使用纸盒包装还不被损坏？

扫一扫了解更多案例

第 5 章 包装的设计方法

内容关键词：

包装 设计方法

学习目标：

- 了解包装设计的流程以及注意事项
- 学会商品包装中的市场调研以及市场定位
- 能独立构思创作完成整体的包装设计

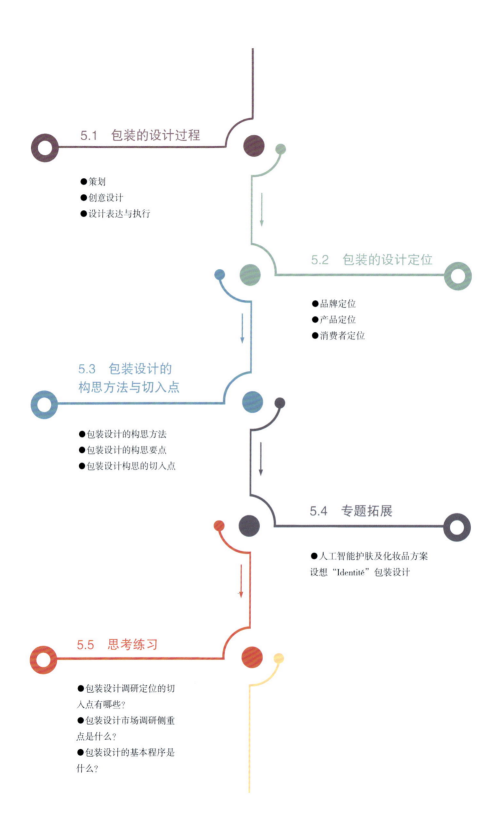

5.1 包装的设计过程

包装设计其实是一个解决问题的过程，解决问题需要科学的方法与工作程序，它包括对问题的了解与分析，对解决问题方法的提出与优化。就一般情况而言，包装设计大体经过以下几个程序。

5.1.1 策划

企业的产品是为某一范围的消费者生产的，因此，包装设计必须针对消费者的意愿、市场的情况展开。从营销的角度讲，包装是否具有销售力是十分关键的，而销售力是与包装的内容、面对的消费群体以及销售地点紧密联系在一起的。设计师首先应了解包装类型、有何特点、有无特殊要求等（图5-1）。

图5-1　牛奶产品包装实施图

■ **收集资料** 收集相关资料是市场调研前期的必要准备，一般包括以下几方面。

（1）包装的产品：①产品是不是知名品牌，档次属于高档礼品还是一般的中、低档产品；②产品的特性是固体、液体还是气体，其外形的特征、体积、质量及材质，是否易变质、受潮和害怕受光、化学反应等；③产品的类型是食品、化妆品、五金产品还是文化用品等；④产品销售时的包装容量和价格定位；⑤产品生产企业的历史状况，与同类产品比较有何优点、缺点和特点，是新产品还是老产品的改进（图5-2、图5-3）。

（2）消费者：①产品的销售对象是特定的或主要的消费群体的年龄层、性别、职业、文化层次、收入、民族等；②消费者的购买行为，感性还是理性；③消费者的风格喜好、购买力、消费需求变化的动向和趋势等。

（3）销售地点及方式：①销售地点从地域的范围可划分为国外、国内、城市、乡村、特定民族地区等；②营销方式可划分为专卖店、批发、零售、超市、普通商场等。

图5-2 肯德基旧包装设计　　图5-3 肯德基新包装设计

市场调研分析

（1）目的。要根据产品与包装的营销性质确定市场调研目的。如产品包装是新近要推出的，就要以相关市场潜力、产品包装推出成功的可能性为目的进行调研。而有的企业是对已有产品包装进行改良或扩展，就要以为什么要进行改良及改良的方向、方法与成功的可能性为调研目的。

（2）对象与内容。一般考虑到客观条件的限制，不易做到大量取样，因此要选定合适的市场调研对象与内容。调研一般可以采取抽样方式，根据产品性质，在可能的消费者中选取一定人群进行调研。例如产品为女性用品，样本的选取应当从不同年龄段的女性中进行抽取。此外，样本还有可能是学生、成年男士等不同职业、性别、层次的消费群体。调研内容要根据产品、市场特点、经费及其他方面的限制，确定与设计相关的调研条目。

（3）方法。市场调研有许多方法，根据所需时间及经费等具体情况，一般会选择些简单易行且具有可操作性的方法进行调研。最常用的调研方法是设计一种特定的问卷式调研表格，在选定的消费者中进行问答或填表式调研（图5-4）。调研的人数根据要求与经费情况而定，少则20人，多则200人以上，被调研者一个人填写一张表格（亦称样本）。调查的人数越多，调研的结果越具有客观性。还可以从设计师的角度，针对包装在市场上的反应来搜集相关的资料。如采取对销售人员、消费者的现场访谈、电话访谈或者网上调查等方法，还可以对竞争对手、销售环境等进行市场调研。

（4）总结调研结果。在对搜集到的信息进行综合分析研究的基础上，根据需要写出调研报告。调研报告要对调研内容进行客观性的整理、归纳，并针对设计中所要解决问题的重点、方法等提出建议或结论。调研报告要观点明确、简明扼要。

尊敬的先生、女士，您好！我们是××公司，填写此问卷将占用您五分钟的宝贵时间，您所填写的信息我们将完全保密，请您放心填写。衷心感谢您的支持。此次调查是为了了解××在白酒行业取得成功的原因，以及在A地区的销售现状。

以下题目请您在（ ）中选择A、B、C、D，或在____上写上相应的答案。

1. 您喜欢喝白酒吗？（ ）

  A. 喜欢　B. 不喜欢

2. 您的性别（ ）

  A. 男　B. 女

3. 您的年龄是多少？（ ）

  A.18~25岁　　B.26~35岁　　C.36~45岁　　D.46~55岁　　E.55岁以上

图5-4　问卷调查

5.1.2 创意设计

经过市场调研和分析产品资料后，便可以进入创意设计阶段。为了确保创意设计的质量、效率及优势的发挥，一般受委托的设计公司或单位都会根据设计项目的具体情况组成设计小组，做出具体的分工。在创意设计阶段应尽可能发挥小组组合的创意设计优势，尽量多地提出设计方向和想法。一般可以用文字描述辅以图样草绘的形式表达出来，也可以应用电脑软件以电子文稿的形式表达出来，但要求尽量准确地表达出包装的造型结构、文字与图形的编排方式和主体形象的造型，供委托方及同行之间的交流。最后设计小组在对设计草图不断研讨与筛选的基础上，确定出具有可行性的创意设计方案（图5-5、图5-6）。

图 5-5　FREEOCLOCK 包装设计应用图案

图 5-6　FREEOCLOCK 包装设计

5.1.3　设计表达与执行

设计表达与执行阶段是对创意设计方案不断进行研讨、修改和完善的具体化的表现与执行，包括以下几个方面。

■　**设计构想图的表达**　在创意设计草案中筛选出适合的方案，依据成品尺寸或者相应的比例关系进行较细致和完善的表现，对各个细部的处理应做出较充分的表达，这个过程可以使用铅笔及简易的色彩工具或是其他手段完成（图5-7）。

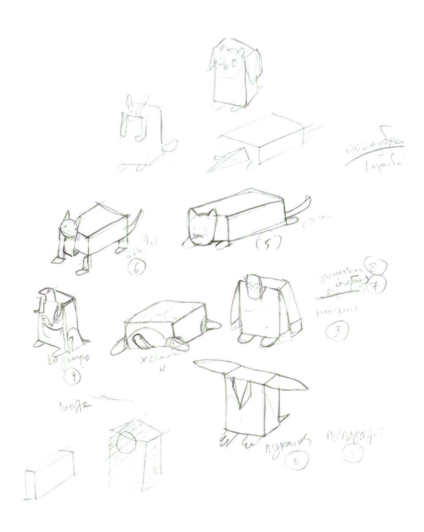

图 5-7　Stafidenios 葡萄干包装设计草图

设计表现元素的准备

（1）文字部分，主要包括品牌字体、广告语及功能性说明文字。

（2）标识符号，如产品的商标、企业标识及相关的视觉符号。

（3）图形部分，如包装内容物的摄影图片、抽象的绘画图形或者个性的插图等，应选用适当的设计表现手法，由相应的人或部门来完成（图 5-8）。

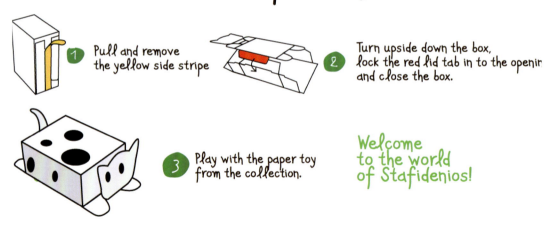

图 5-8　Stafidenios 葡萄干包装视觉元素草图

■ 设计的具体化表现

（1）把准备好的文字、图形、色彩等设计要素按设计要求转为电子文件。依据设计创意构思，应用电脑软件转化为电子文稿表现出来。

（2）在包装结构图基础上按不同的展示面设计来具体安排各要素之间的关系，完成接近实际效果的方案。

■ 设计方案稿提案　将完成的设计方案稿提案进行彩色打印输出，以平面展开图（效果图）形式向设计策划部门进行说明。设计策划部门根据品牌开发营销策划等相关依据选出较为理想的部分方案并提出具体修改意见。这种方案稿提案可能经过多次的反复（图5-9）。

图 5-9　Stafidenios 葡萄干包装设计视觉效果图

　　Stafidenios 是一款面向儿童的葡萄干产品，在希腊生产。为了适应儿童的小手，其包装尺寸也显得相当迷你。这款包装的特色是每个包装展开后都可以重新折叠成不同的形状，并不需要用到胶水及剪刀（图5-9）。

　　品牌形象及包装由雅典的 Matadog Design 设计公司设计，共设计了十款不同的折纸图案，包括两款男女童人物图案，以及八款动物形象为猫、狗、熊猫、鹦鹉、企鹅、乌龟、猴子及袋鼠的方案。通过包装自身形成了折纸的玩具，既可锻炼儿童的动手能力又能启发智力，同时能使这个低成本的包装对儿童形成持久的吸引力，达到了降低成本的效果。其实对于很多 0～6 岁的儿童来说，吸引他们的东西往往不是那种如遥控电动车的昂贵玩具，而是一些能够使他们产生好奇心并且自己能够完成的东西。

- **立体效果图稿提案** 对筛选出来的部分设计方案进行较深入的展开设计,并制作出产品包装实际尺寸的彩色立体效果图。可以通过三维设计软件渲染,或者通过在现有的二维图像上进行图像合成,得到虚拟的包装效果图,还可以通过将彩色打印输出的平面展开图附在纸板上裁切折叠成型,得到接近实际的包装效果图。设计师可以通过立体效果图直观真实地把握检验包装设计的实际效果和不足之处,然后将修改完善后的立体效果图稿再次提交相关的设计策划部门。

- **可实施方案的确定** 设计策划部门对设计方案稿和立体效果图稿多次进行评估和研究,并在听取客户意见修改和调整后,将最终选定的 2~4 种最理想的方案提交给客户。

- **确定最终方案** 为了设计方案的优选,企业一般会选用提交方案中的部分或全部进行小批量印刷,然后投放市场试销。经过一段试销,根据市场与消费者反馈的信息,从中确定一种包装或根据反馈的意见经改进设计后,再正式大批量生产销售(图5-10、图5-11)。

图 5-10　Stafidenios 葡萄干包装设计视觉效果图与展开图 1　　　图 5-11　Stafidenios 葡萄干包装设计视觉效果图与展开图 2

5.2 包装的设计定位

包装的设计定位是设计师通过市场调研，根据产品的特点、营销策划目标及市场等情况，在正确把握消费者对产品与包装需求（内在质量与外在视觉形象）的基础上，确定设计的信息表现与形象表现的设计策略与方法。通常的操作方法是由设计策划部门整合出详细的营销策划后，再由设计实施部门对其进行理解分析，制定出视觉表现上的切入点，并从不同的视角来进行创意表现，最终从中筛选出最佳的设计方案（图 5-12）。

图 5-12　Elanveda 女性产品包装设计

美国加利福尼亚州的美容养生品牌 Elanveda 的产品包装采用了极简设计（图 5-12）。他们的产品主要是植物精油以及护发和清洁用品。装液体或胶囊的瓶子形状很普通，用的是对产品有保护作用的深紫色玻璃；瓶身上贴着的标签就是纯色的纸，上面用不同大小和字体的字写着基本信息，排版简单明晰。"Elanveda"的标志是用在瓶身上凸起的形式呈现的，很低调。包装的颜色也有鲜亮的红色、绿色，不过都和提取产品的植物有关系，并不出挑，也不炫目。

5.2.1 品牌定位

品牌是企业的战略资源,品牌定位在于利用产品的品牌效应来影响消费者。此类方法一般应用于品牌知名度较高、在消费者心目中有一席之地的产品包装。在表现方法上一般以品牌形象为主,产品形象或消费者形象为辅。还可以对品牌的名称含义加以延伸,做一些形象化的辅助处理,赋予品牌更丰富的文化内涵。具体可以从如下三个方面来考虑。

■ **突出品牌的色彩** 通过突出品牌形象的色彩个性,给消费者留下强烈的视觉印象。如可口可乐充满活力的红色和百事可乐的蓝色都具有强烈的色彩个性和视觉识别性(图5-13)。

■ **突出品牌的图形** 通过产品或企业的象征图形与辅助图形等品牌的图形魅力与直观性来吸引消费者,使之在心理上产生图形与产品本身的联想,促进产品的形象宣传(图5-14)。

■ **突出品牌的字体形象** 由于品牌字体形象本身所具有的标识性、可读性和不可重复性,使其成为突出品牌形象的主要表现手法(图5-15)。

图 5-13 百事可乐包装设计

图 5-14 星巴克包装设计

图 5-15 JUS (Juice Up Saigon) 果汁品牌包装设计

5.2.2 产品定位

产品定位在于通过包装设计突出和准确地表达出产品市场定位的概念和利益点，通常是以产品的功能、产地、原料、特色、档次、特定传统等消费者关注的利益诉求点作为设计的策略和表现内容。

■ **产品的形象定位** 一般是在包装上以突出产品的形象为出发点来吸引消费者的注意力。处理方法上较多地采用写真画或应用摄影的表现手法，如突出表现水果食品类的真实感、新鲜感与品味感引起消费者的购买欲望，但这种方法对于一些形象本身不够完美的产品应慎用或避免使用（图 5-16、图 5-17）。

图 5-16　MT.COMFORT COFFEE 包装设计

图 5-17　SEA CRUISE & MELODY 饼干包装设计

■ **产品的功能定位** 产品功能定位是以该产品使用后的结果作为包装视觉化表现的诉求点,如调味品烹制出的精美佳肴,以此来强调和表现产品的性能(图5-18)。

■ **产品的出产地定位** 某些产品由于原料产地的不同产生品质上的差异,因此突出产地成为保障产品质量的有效信息。如图5-19所示,美国乳制品品牌 LAND O' LAKES 以产品出产地特有的风光景象结合产品写真图片作为视觉设计的诉求点,向消费者强调了产品的地域信息,以此提高产品的可信度与认知度。

图 5-18　Longo's 食材包装设计

图 5-19　美国乳制品品牌 LAND O'LAKES 包装

LAND O'LAKES 生产黄油已近 100 年。作为农民合作社,该品牌了解制作美味黄油的过程与所需人员,于是把对土地的热爱、与农民的联系以及纯粹的善意,都放进了他们的新包装里(图 5-19)。

■ **产品的生产原料定位**　多用于产品生产原料、配料成分更能吸引消费者购买，或不能直接表现具体产品形象的产品包装设计。如图 5-20 所示的巧克力包装围绕着产品原料成分展开，在包装上根据不同的口味展现不同的原料图片。

■ **产品的特色定位**　与同类产品进行比较，找出与之不同的特色作为设计的突出点，它会对消费者有直接的吸引力。如在包装上突出"微糖""萃取于天然植物""无人工色素""无添加剂"或"不使用农药"等信息，会使关注健康、不喜欢添加化学成分的消费群体增强购买的欲望（图 5-21）。

图 5-20　意大利品牌 SABADì「GLI AFFINATI」巧克力包装设计

该系列的巧克力主打"芳香"，每盒巧克力都和一种植物（烟草、茶、松香等）放一起，让巧克力吸收草本气味并保持这种气味（图 5-20）。

图 5-21　Botanical Coffee Co. 咖啡产品的袋包装

英国咖啡公司 Botanical Coffee Co. 的产品就是"自然植物咖啡"。他们使用的包装是简单的粉、绿相配，在纸袋的侧面、易拉罐的罐口处配上大理石的纹理图案（图 5-21）。

■ **产品的档次定位** 包装的档次定位要恰当，可根据产品的策划与产品的具体功能、用途、价值的不同，为产品包装制定不同的格调定位，以满足消费者对奢华、古朴、淡雅等不同的心理需求。

■ **产品的纪念性定位** 这是为某种庆典、节日、旅游、文化体育活动等而生产的有特定纪念性的产品所做的包装设计。随着人们旅游与文化活动的增加，这种需求呈上升趋势，但产品的纪念性定位有一定的时间性、地域局限性（图5-22）。

图 5-22 百事可乐狗年春节限量包装设计

中国限量版的百事可乐瓶身上是金色狗头的简笔画，配上花朵、铜钱的轮廓，以及金色汉字和百事的标识。狗的形象共有四种，它们在狗窝形状的包装盒上被集结在了一起（图5-22）。

5.2.3 消费者定位

消费者定位多用于目标定位明确的产品,通常是以某些特定消费者为对象设计产品的包装。需要充分了解、分析特定消费者的兴趣、爱好及消费特点,正确地把握设计定位,使设计体现出针对性。

■ **地域区别定位** 不同地域、民族的人对颜色有不同的喜好,对图形有着不同的禁忌。应根据不同地域、民族的风俗习惯、民族特点、宗教信仰,有针对性地进行设计(图5-23)。

图 5-23 MANTA 咖啡包装设计

图 5-23 这款包装以秘鲁风情插画为灵感描绘了一个少女置身于鸟语花香田园场景中,暖橙色调的背景使人联想到夏初傍晚的田野乡间,给人一种放松愉悦的心情。插画采用了颗粒元素使包装充满了浓厚的艺术气息与异域风情。

■ **生活方式区别定位** 消费者因文化背景、环境及职业等的不同，会产生不同的生活方式、消费观念及喜好，因此应针对消费者的不同生活方式来确定包装设计的信息诉求与视觉表现。图5-24彩铅包装上的图形反映出针对这一特定消费者的产品定位。

■ **生理特点的定位** 消费者因性别、年龄等因素的不同而形成生理特点的差异，对产品的包装也有着不同的心理需求。例如，儿童用品要依据其年龄特点采用儿童喜爱的形象来引起儿童的兴趣；化妆品的设计依据男女性别差异，采用不同的包装设计风格（图5-25）。

图 5-24　彩色铅笔包装设计

图 5-25　Kinder Zahncreme 儿童牙膏包装

5.3　包装设计的构思方法与切入点

构思是艺术创作的第一步，是对整个设计意图的一种预想。广义地讲，包装设计包括对材料的选择、造型结构的组织以及画面图案的处理等各个方面。就这些方面而言，构思是整个创作的关键，采用好的构思方法更是关键之关键。

5.3.1　包装设计的构思方法

■ **联想构思**　围绕产品本身展开联想构思，可以应用各种手法来直接表现具体产品形象，也可以采用开窗的方式直接露出产品（图 5-26）。

■ **移位构思**　不考虑产品与包装的直接联系，使包装与产品之间的气质、身份达成一致性，在色彩、构图上求新求奇，这类包装多用于专卖店（图 5-27）。

图 5-26　SEA MAN SEAWEED CHIPS 薯片的包装　　　图 5-27　"一封情酥"的松塔系列包装

图 5-26 所示的这款产品是一种含有海藻的薯片，有黑胡椒鱿鱼、辣椒龙虾和海盐三种口味。包装上的插画很简单，主体是墨色的鱿鱼、橘色的龙虾和绿色的海草，旁边有一个叼着烟的渔民游过来，拿着一把剪刀似乎要收割海藻。有意思的是由于颜色相近，薯片放在这些图案中毫不违和，看起来像是鱿鱼和龙虾在吃薯片、海盐口味的薯片像海草一样摇曳，很俏皮。

图 5-27 所示的这个品牌来自福建厦门，产品有凤梨酥、松塔、牛轧糖等零食。这个品牌在厦门的渔村曾厝拥有门店，因为文创设计而出名。松塔有四种口味，包装上的插画是村里四季的风景，简单的色块和小动物的点缀给人清新的感觉。这个品牌一直以本土特征、旅游产品为营销方向，广告语是"将你与厦门发生的一切储藏在一盒美味酥饼中"。

- **抽象构思**　充分利用产品的形象、色彩或品牌、功能寓意，依照产品的特定服务对象，用抽象的图形、色彩衬托产品，突显产品，求得新的形式美。如图5-28，以简洁、抽象的图形体现出很强的视觉冲击力。

- **情趣构思**　赋予包装清新的商品趣味，使商品艺术化，提高了商品的格调，特别适合传统产品、节日礼品、儿童产品的设计（图5-29）。

图5-28　护肤品牌MECCA的节日包装设计

澳大利亚的护肤品牌MECCA的一款节日包装看上去很像浓烈的水彩画（图5-28），它是由当地的原住民艺术家Claudia Moodoonuthi设计的。这位艺术家从小在海岛的丛林里长大，这使她一直擅长这种随意、颜色鲜艳、受原住民文化影响的画风。这次也不例外，她在接受Dieline网络采访时专门提到了包装上色彩的重要性，说天空、大地的颜色是她在成长的丛林里最常注意到的，被运用在包装上后，确实能衬托节日的氛围。

图5-29　护肤品牌MECCA的节日包装图案设计

5.3.2 包装设计的构思要点

■ **突出主题** 突出商品的牌名、品名、特有的形象,尽可能反映其特点。

■ **形式服从内容** 可以运用各种艺术处理方法和表现形式,如摄影、装饰画、图案、绘画、漫画等,无论何种表现形式都必须衬托主题,为内容服务。

■ **突出意境** 想法要新颖,突出深层次的精神、文化内涵寓意(图 5-30)。

5.3.3 包装设计的构思切入点

■ **从商品的内容考虑** 多用于食品包装设计,目的是让消费者直接看到内容物产生购买欲望,一般采用摄影手段表现。清晰的图片产生了强烈的视觉效果,吸引消费者注意。

图 5-30 COCO 巧克力包装设计

如图 5-30 所示,COCO 使用了引人注目的几何图案作为巧克力包装设计。设计公司认为,艺术与巧克力之间的关系可以建立在品牌核心之上,因此设计了"巧克力艺术"系列。为了以真实的方式展现"巧克力艺术",品牌方将艺术家和艺术与产品相结合,在产品包装后部标签中展示相关艺术家的个人信息,并且在 COCO 网站上传有关艺术信息页面的链接。

■ **从商品的品牌考虑** 用品牌的文字字体作为主要形象。如图 5-31 是包装中成功运用字体的典范，对于形象的传播、商品品牌的建立起到了不可磨灭的作用。

■ **从商品的生产原料考虑** 多用于原料更能吸引消费者的装饰画、图案、绘画、漫画等，无论何种表现形式都必须衬托主题，为内容服务，使消费者直观地了解到产品的质量以及特点，适用于不能直接表现具体产品形象的包装设计（图 5-32）。

图 5-31　希腊 Aplos 水果酸奶包装设计

图 5-32　Pellito 焦糖花生包装

为强调 Pellito 焦糖花生质量以及味道非常好的特点，图 5-32 所示的包装设计采用花生作为主要图形。

- **从商品的产地考虑** 多用于传统产品与地方特色产品（图 5-33）。

- **从商品的用途考虑** 多用于食品、日用品的包装（图 5-34）。

图 5-33　越南咖啡品牌 Binh 咖啡包装设计

Binh 的咖啡包装利用全息技术，在不同角度显示不同形状的数千种不同颜色（图 5-23）。包装以其色彩变化反映着设计的灵魂所在，越南山区闪闪发光的日出和河流与湖泊之间的温暖日落。

标签使用来自越南的经典元素——宣纸质地，增强了本土和自然的概念。插图和部分文字采用高浮雕和半透明清漆，以突出产品的细节。在包装的底部，用突出的浮雕文字强调 Binh 品牌，赋予其极简主义的风格，每个细节都讲述着品牌故事。这种设计带来了独特而感性的时刻。在这里，灵魂与自然之间产生了联系，构成了一种可以闻到、听到和感觉到的设计。

图 5-34　ANI 乳制品包装设计

图 5-34 所示的包装采用牛作为包装元素并通过彩铅插画的形式表现，整体风格干净清爽，为包装营造了独特的视觉效果。

5.4 专题拓展

优秀案例分析（图 5-35、图 5-36）

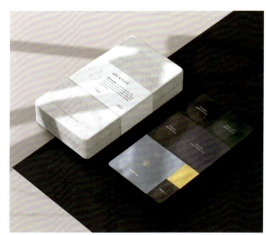

图 5-35　2019 全球包装设计 Dieline Awards 概念奖

英国设计公司 SEYMOURPOWELL 提出的人工智能护肤及化妆品方案设想"Identité"，旨在收集用户数据，定制美妆计划和产品，把"编辑推荐"和"概念奖一等奖"两个大奖收入囊中。

Identité 背后的设计理念，用户可以通过操控手机 APP，提前一周提供自己所在的位置、行程安排及锻炼计划等信息，人工智能则根据这些信息，为用户提供美容计划及下一周的护肤和化妆品。

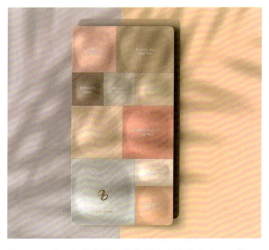

图 5-36　人工智能护肤及化妆品方案设想"Identité"

面对日益严重的塑料污染环境危机，Identité 相比普通的包装没有使用塑料材质，而是采用了可降解材料成型纸，以及可生物降解的注塑纤维盒。一板一次性的模块中可以装入用户每天需要用到的美容产品，减少因不能用完化妆品而造成的浪费。同时，产品减少了对化学品和防腐剂的使用，用户可以享受到更为新鲜、更天然的美容产品。该款产品一盒中共有七个模块，每个模块都采用了同一色系的不同颜色，拼在一起整体效果简单美观。

5.5 思考练习

■ **练习内容**

1. 选取某一消费群体,进行定位分析。

2. 选取某一商品进行同类产品造型调查,以问卷形式对满意度进行评估。

3. 学习包装设计的定位方法:以青少年产品包装设计为例,进行构思创作。

■ **思考内容**

1. 包装设计调研定位的切入点有哪些?

2. 包装设计市场调研侧重点是什么?

3. 包装设计的基本程序是什么?

扫一扫了解更多案例

第 6 章　包装设计的印刷工艺

内容关键词：

印刷流程　加工工艺

学习目标：

- 了解印刷的种类
- 学习印刷的工艺流程

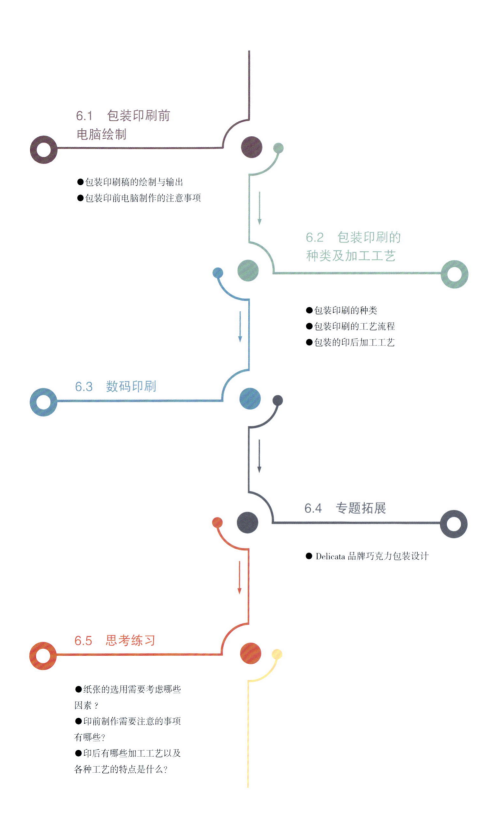

6.1 包装印刷前电脑绘制
- 包装印刷稿的绘制与输出
- 包装印前电脑制作的注意事项

6.2 包装印刷的种类及加工工艺
- 包装印刷的种类
- 包装印刷的工艺流程
- 包装的印后加工工艺

6.3 数码印刷

6.4 专题拓展
- Delicata 品牌巧克力包装设计

6.5 思考练习
- 纸张的选用需要考虑哪些因素？
- 印前制作需要注意的事项有哪些？
- 印后有哪些加工工艺以及各种工艺的特点是什么？

6.1 包装印刷前电脑绘制

随着数字式印前工艺的发展和完善,包装的印前设计制作已从原先手工作坊式的绘制方法转为电脑软件绘制。它将原稿的输入、处理、印版的制作都纳入数字化流程进行管理,省却了许多以往传统制作方式的烦琐操作工具和过程。

6.1.1 包装印刷稿的绘制与输出

原稿、印版、油墨、承印物、印刷设备是传统印刷的五大要素,它们在整个印刷工艺的各个环节中分别起着重要的作用。在印刷中,原稿指用于印刷复制的原样,可分为文字原稿、图像原稿、实物原稿、复制原稿等。

印刷制版的原稿如正片(也称反转片)、负片(平常拍照所说的底片)、印刷品、手绘稿、照片等,都可以通过扫描分色将这些转换成电子文件。按分色时的打光原理,可将原稿分为反射稿与透射稿两类。原稿是不透明的称之为反射稿,分色时,当光源照射到原稿时,会被反射回来,利用不同颜色反射不同光源的原理,进行反射扫描分色。透射稿的原稿是透明的,通过光源照射在原稿的背面,利用透射光进行成像计算。正片、负片等都属于透射稿。

扫描主要通过数字化处理方式,将反射稿与透射稿进行 RGB 分色处理,然后通过软件将其转换成印刷所用的 CMYK 模式。有的扫描仪可以直接得到 CMYK 模式。常见的扫描仪一般为 CCD 平板扫描仪,CCD(Charge Coupled Device)即电荷耦合器件,是扫描仪头部的一个组件。扫描时,会向被扫描物发射明亮的光束,头部的光电管检测会自动分析 CCD 光的 RGB 成分,并根据图像的明暗度反射信息,产生相应的高低电压。反射的信息会被数字化记录在计算机的磁盘上。扫描一般用 300dpi 分辨率就够了,太大了一般的印刷用不上,且加大了文件占用的空间。由计算机来完成包装印刷稿的制作,使包装印刷稿的绘制和输出摆脱了以前手工作坊式的操作,制作精度大大提高,工作效率成倍提升。Adobe 公司出品的 Photoshop、Illustrator 以及 Corel 公司出品的 Coreldraw 等是应用较为广泛的制作软件。Photoshop 主要用来处理图像、照片,可以对图像做出许多效果及调整,修正图像的不足之处。图形、文字与纸盒结构的制作主要应用 Coreldraw 或 Illustrator 软件来完成。随着软件的升级,对于图像和照片的一些简单调整也可以应用 Coreldraw 或 Illustrator 来完成。

图像、文字和色彩是包装印刷品的基本视觉要素,要在最终的印刷品中很好地表现出来,就必须做好印前处理工作。在计算机印前桌面系统中可以通过下列方式获取图像:扫描输入、数码摄影、用绘图软件绘制。原稿图像的清晰度、颜色和阶调范围等是图像质量的重要技术因素。清晰度即图像细微层次的变化及图像轮廓边缘的清晰程度；颜色是指图像中是否存在色偏，是否再现了原稿的色彩变化；阶调（层次）是指图像中的明暗变化关系，图像中的层次处理决定了图像的整体色调。注意，印刷不会改进摄影图片，通过制版（菲林）、晒版、转印只会使其细节更加模糊，因此摄影图片选用时要注意清晰度、颜色及色调范围，如摄影图片不理想又不得不用，可通过扫描或在电脑中进行改进。

文字一般由键盘输入，在排版软件中进行编排和处理，电脑字库字形技术的发展使可选择的字体种类异常丰富起来。色彩问题是印刷复制中的重点和难点，其原理是将稿件的色彩通过滤色片分解成三个原色，再分别制成带网点的印版，通过将原色色版叠合，利用网点的分布和大小经混合再现稿件色彩。

对印刷制版稿的电脑制作，要搞清楚一些基本的制作环节。首先要搞清楚采用凸版印刷（凸印）还是胶版印刷（胶印），凸印和胶印由于工艺不同，所取得的效果也不同，对设计稿的要求也不同。凸印适合以色块、线条为主的包装印刷，如果包装采用凸印，必须根据彩色设计稿另外再绘制区分颜色的套版黑白稿，它将直接用来照相感光制版，黑白稿与原稿不符，或绘制精度差、分版不对都将影响到印刷的效果。目前应用最广、比较先进的是胶印，如果包装采用胶印，其电脑设计制作稿可以直接用电子分色机制成制版胶片（菲林），不需要再绘制制版的黑白稿。

胶印制版是对包装印刷制版稿通过电脑控制的电子分色机进行网点扫描，将印刷制版稿反射转化成电子数字像素模式的分色底片，可将原稿按红、黄、蓝、黑四个版次一次分别制成四张菲林。电子分色对色彩的分辨与还原非常准确，印刷网点的精度每英寸（1 英寸 =25.4mm）可达 150 线以上，可完全满足一般包装的精细印刷。利用电脑设计完稿制作后，通过网络（在线输出）或刻盘送到出片公司输出，可得到所需要的菲林和打样稿，确定后就可以送到印刷公司，进行晒版、上机印刷了。

6.1.2 包装印前电脑制作的注意事项

■ **分辨率** 任何以非数字状态存在的原稿要进入数字化出版流程都必须经过扫描这一步，这就会涉及选择和确定以何种扫描分辨率（dpi）对图像进行扫描。扫描分辨率设置直接影响到印刷成品的质量，扫描分辨率应根据网屏的加网线数（网屏分辨率）来决定，即扫描分辨率的大小应设置为加网线数的 1.5~2 倍。正常情况下的彩色印刷在 150~175 线数，扫描分辨率设置为 300 线数已经够用了。但当图片需要放大，就需按放大率乘以网线数，例如，图片将放大至 400%，网要 175 线，扫描分辨率为 4×175=700 线数。对于图片的应用最好不要做放大原尺寸处理，如果一定要做放大处理，印刷精度会降低。

■ **色彩输出模式**　印刷制版稿交付输出前，一般情况下色彩模式应该设置为印刷模式 CMYK。在设计软件里制作的色块与文字的色彩与电脑屏幕显示的色彩是有偏差的，故不要惊奇印刷成品的色彩同计算机屏幕上显示的色彩不一致，因为前者是油墨色彩混合，后者是光色混合。印刷色彩的校对依据是通过印刷色谱中的图录采样，逐一校正，将正确的数值输入电脑颜色卷帘窗菜单里（图 6-1）。

■ **专色设置**　现代的包装设计为了追求主要颜色的墨色饱和度和艳丽效果，通常通过设置专门的颜色印版来达到目的。如对于一些通过四色套叠也难以印出的颜色，像纯正色足的深红、深蓝、深绿、艳紫及荧光色等，应考虑增添专色印刷，另外印金、银等油墨的颜色也要增添专色印刷。专色版印刷的油墨颜色要专门调制，故要输出专门的分色胶片，但它通常反映不出专色，应附上准确的色标，以作为打样和印刷过程的依据。一些包装设计巧用四色印刷，如去掉四色中的黄蓝色等，以专色代替，可以在四色印刷机上印出需要的专色。目前，由于印刷设备的发展，六色印刷设备已比较普及了，为四色印刷以上的专色印刷提供了方便。

■ **模切版制作**　一般的纸盒包装是通过一定纸盒结构折合成型的，纸盒印刷后需用刀模来模切成品以及轧出折叠线，需绘制出纸盒裁切线和折合线（成品线）刀模图。通常在制版稿的制作中，将包装的模切版制作到同一个文件中，以便于直观地进行检验，这时应专门为模切版设一个图层，分色输出时可专门输出一张单色胶片，以便于模切刀具的制作（图 6-2）。模切版与纸包装结构图基本一致，其绘制方法也基本相同，出现误差会影响到成品的精度以至于不能成型。

■ **套准线设置**　当两色或两色以上印刷时，就需要在设计稿上制作套准线。套准线也称为"符子线"，通常安排在版面外的上下左右的中间或四角，呈十字形或丁字形，目的是为了印刷时每一个印版、包括模切版的套准线都准确地套准叠印在一起，以保证包装印刷套版的准确。

120x35x155mm

图 6-1　包装盒的展开图

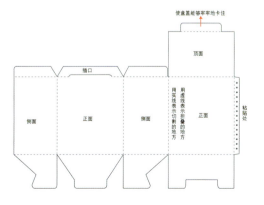

图 6-2　包装盒的模切版

■ **"出血"的设置**　在制版稿中,包装的底色或图片达到边框的情况下,色块和图片的边缘线应外扩到裁切线以外约 3mm 处,称为"出血"或放"切口"。色块外扩到裁切线以外的边缘线称为"出血线"。切口是指印刷成品时的裁切线,这样印刷后裁切为成品时不会因误差而露出白边。如图 6-3 巧克力包装标签边缘处留出了 3mm 出血。

图 6-3　SWEET JUNGLE 巧克力包装设计

■ **拼版**　在制版稿中,还需要制作出拼版图。拼版图是根据印刷机特点、印张的大小确定的,一般可由印刷方制作。如制版稿毛尺寸为 16 开,而上车印刷时为 4 开,就需要将 16 开的制版稿拼成 4 开的印刷制版底图。拼版时要注意留出纸盒与纸盒之间 3mm 以上的拼版切边线(空隙)。一般还需要在纸的边缘留出纸张上机时,机器对纸张咬口 10mm 左右,通常刀模图与拼版图绘制成一幅就可以。

6.2　包装印刷的种类及加工工艺

印刷是以各种不同的方法,通过印版将文字或图形等通过压力制成大批量的复制品。包装印刷虽然与书刊印刷有着相同的技术基础,但比书刊印刷范围广泛和复杂。包装印刷的承印物除常见的纸、塑料、金属外,还有木材、玻璃、陶瓷、织物等。采用的印刷工艺除凸印、平印、凹印外,还有丝网印刷、静电印刷(利用静电感应原理在各种软、脆、凹凸不平的包装容器上印刷)、凹凸印刷(轧凹凸)、烫印、覆膜(或上光、涂塑)等。

6.2.1 包装印刷的种类

印刷种类可分为凸版印刷、胶版印刷、凹版印刷、丝网印刷四大类。

■ **凸版印刷** 简称凸印,是最早发明的一种印刷技术,其特点是印刷版面上印纹凸起,非印纹凹下,当油墨辊从其上滚过时,凸出的印纹沾有油墨,而非印纹的凹下部分则没有油墨,当纸张在印刷版面上承受一定的压力时,印纹上的油墨便被转印到纸上。凸版印版的版材有铅版、铜锌版、塑料版、感光树脂版、尼龙版、橡胶版等,以铜锌版和铅版为多。以金属版为例,制版过程为先将画稿及黑白稿经照相分版后,通过感光药膜烤晒在金属版上,然后放入硝酸溶液中进行烂版,腐蚀掉不需要的部分后形成了凹凸形状的印版。

凸版印刷主要有活版印刷和柔性版凸版印刷两类。

(1)活版印刷。活版印刷是用铅字与图片加网线制成不同质料的版进行印刷,印刷的幅面不超过 4 开尺寸,可用于小型包装盒、信封信笺及烫金、压凸等印刷。

(2)柔性版凸版印刷。采用转轮印刷方法,把橡皮图章样的软胶制成的凸版固定在辊筒上,由网纹金属辊施墨。

柔性版凸版印刷可以在较宽的幅面上印刷,其印刷效果兼有活版印刷的清晰、平版印刷的柔和色调、凹版印刷的厚实墨色和光泽,适合塑料、软包装复合材料、板纸、瓦楞纸等多种印刷材料,但由于印版受压力易变形的缺点,不适于要求精细的套版印刷(图6-4)。

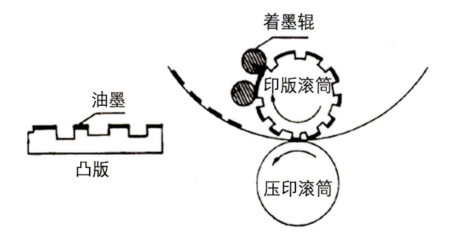

图 6-4 凸版印刷示意图

■ **胶版印刷** 胶版印刷是平版印刷的一种,胶版印刷机是世界上使用最为广泛的印刷机类型,具有精密度高、速度高、印品质量好的特点。但是胶版印刷机的结构也最为复杂,印品质量要求高,操控难度大,使用严重依赖机长的长期经验积累。胶印打样需要胶片和晒版、在胶印打样机打样,比凹版打样成本要低些,与凹印工艺不同,胶版样张的效果差异性大,色彩、密度都远远不如凹版印刷(图6-5)。胶版印刷有以下几个特点。

(1)适合短版印刷、设计内容经常变动的产品。

(2)适合短周期印刷,特别是对时间有限制的产品,比如报纸。

(3)占用空间小,资金投入少,附带设备少。

图6-5 胶版印刷机

■ **凹版印刷** 简称凹印。凹版印刷印纹部分凹于版面，非印纹部分凸起。印刷时，当较稠的油墨滚涂在印版上后，自然陷入到凹下去的印纹里，再用刮墨刀从版面刮去凸起部分的油墨，然后施加压力将凹部油墨转印到承印物上。凹版印刷按制版方式有两种：一种是雕刻凹版，它以线条的粗细及深浅来体现印刷效果，多用于印刷票证和线条细腻的包装；另一种是照相凹版（影印版），利用感光和腐蚀的方法制版，适于表现明暗和色调的变化，常用于精美画面的包装印刷。凹版印刷的印刷品色调浓淡是依凹下部分的深浅程度而定，印刷由于受压力较大（凸版印刷的10倍左右），因此油墨厚实，层次细腻丰富，表现力强，对材料的适用面广，印版耐印率高。但凹版印刷制版费用较高，工艺复杂，装卸版不方便，不适于小批量印刷。凹版印刷一般用于印刷纸钱币、邮票、有价证券等，在包装印刷中适用于塑料包装、包装纸、包装盒和瓶贴等高档印刷（图6-6、图6-7）。

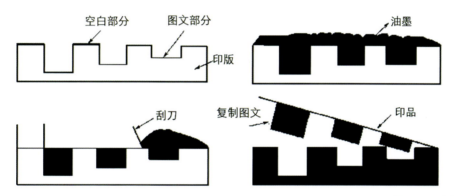

图 6-6 凹版印刷示意

图 6-7 加拿大蒙特利尔的巧克力品牌 CACAO 70 包装设计

■ **丝网印刷** 也称为孔版印刷，其原理是透过式印刷，印刷油墨装置在版面之上，而纸张是放在版面之下，印刷版面是正纹透过式，印刷版面仍为正纹。丝网印刷源于我国的夹缬印花法，早在2000年前的秦汉时期就有夹缬蜡染印花的方法，到隋朝大业年间（公元605年）出现了把绢丝网绷在框子上进行印花的工艺，这成为最早的丝网印刷术。我国现代丝网印刷术是进入20世纪80年代后随着改革开放不断深入发展起来的一门新兴技术，制版使用的材料有绢布、金属以及合成材料的丝网。可以印制的承印物广泛，包括：①玻璃瓶；②塑胶瓶；③铁皮；④金属板；⑤布匹；⑥纸张；⑦其他立体面。不论在平面还是在弧面上，且无论立体承印物的厚薄，均可进行印刷，故人称为"万能"印刷术。但是相对以上几种印刷术，其印刷速度较慢，以手工操作为主，不适合大批量印刷。虽然也有一些机械设备可承印T恤、筒状等承印物，但仍需以手工操作为辅助（图6-8、图6-9）。

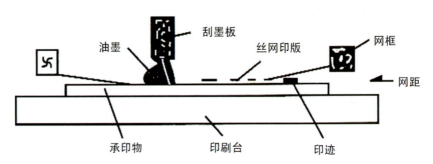

图6-8　丝网印刷示意

图6-9　Monograph & Co 茶叶包装

6.2.2 包装印刷的工艺流程

包装的设计原稿转化为批量的包装成品，需要通过印前、印刷、印后一系列的印刷生产工艺流程才能得以实现。以包装印刷中最普遍和常见的纸质印刷工艺来讲，它的一般流程如下。

■ **设计稿** 是对印刷元素的综合设计，包括图片、插图、文字、图表等。目前在包装设计中普遍采用计算机辅助设计，以往要求精确的黑白原稿绘制过程被省去，取而代之的是直观地运用计算机对设计元素进行编辑设计。

■ **照相与分色出片** 印刷中一张印版只能印一种颜色，故彩色印刷时，就需要采用照相或电子分色技术。照相分色是将彩色原稿用红、绿、蓝紫三种滤色镜加以分色，分摄成可供晒制蓝色、洋红、黄色三种印版的分色底片，由这三种颜色重叠就会产生与原稿相同的各种色彩。为了加强图像的细致和对比度及暗部的深度层次，还需要加摄一张黑版的分色底片，以供晒制黑版之用，这样就构成了印刷的四原色。这种把原稿上面许多色调分摄成含有三原色和黑色版调的技术被称为分色照相，使用这种分色版进行的彩色印刷称为四色印刷。在特殊情况下，为取得更精美的印刷效果，除了基本的四原色外，另加淡红与淡蓝两色，即构成六色印刷，其他则视情形需要而增补专色印刷。

■ **电子扫描分色** 简称为电分，是除照相分色外的另一种彩色印刷方式。它是在分色原理基础上，运用电子扫描技术的分色方法，比传统的照相分色摄成的网点版调分色胶片方法快捷而准确，目前已代替照相分色被广泛采用。电分的原理是将照片、反转片等原稿直接竖贴在电子分色机滚筒上，机器转动时分色机的光点直接在原稿上逐点扫描，由光转变成电能及信号，所得的图像信息被输入电子计算机，经过精密计算后，再经由光电管的点状光源一点一点地扫描在感光的软片上，形成网点分色片。因电子分色是利用计算机计算，所以可做多方面的改色、局部修色、变形及特殊效果等调整和修改。

■ **制版** 凸版、平版、凹版、丝网版这四大类印刷的版材及制版工艺方法是有区别的，现代印刷中的版材大多数使用金属版、塑料版或橡胶版，以感光、腐蚀等方法进行制版。应用最普遍的胶版印刷是通过分色制成的软片（菲林），然后晒到 PS 版上进行印刷的。PS 版又称重氮树脂版，是种预先制成的、涂有感光膜的薄金属版材。感光膜由树脂与重氮化合物调制而成，感光膜感光后，经显影、冲洗、吹干，只需 15min 便可以制好印刷的印版。

■ **拼版** 将各种不同制版来源的软片，分别按要求的大小拼到印刷晒版的软片上，再晒到印版（PS 版）上进行印刷。

■ **打样** 计算机屏幕显示的设计效果同印刷成品之间的色彩误差是设计人员面对的一大困扰，因此，在正式印刷前，通常要用晒制的印版在打样机上少量试印取得印刷的样张，以此作为与设计原稿进行比对、校对及调整印刷工艺的依据和参照。印刷打样的优点是有较高的色彩准确性。由于印前打样通常采用铜版纸，如果希望得到准确的打样，应该采用印刷实际用纸（特别是自己提供印刷用纸时）打样。因为使用印刷打样机（机械打样）费时费资金，现在大都采用数码打样。数码打样色彩会有偏差，因为印刷油墨与数码打样颜料是不同性质的色彩原料。但近些年开发的专门色彩管理软件使数码打样机的打印效果很接近于印刷成品，可以作为一般印刷的依据和参照。

■ **印刷** 根据合乎要求的印刷开本度，使用相应的印刷设备进行大批量印刷。在正式印刷前，印刷操作人员先裁切好纸张，将印版在印刷机上安装就绪（装版），经过开机调试按打样稿印出少量样张，经设计人员或委托人签字确认后（俗称跟单），就可以开始正式印刷了。

■ **印后加工成型** 对包装印刷品进行上光、覆膜、烫印（金银等）、凹凸压印、模切、折叠、黏合、成型等后期工艺加工（图6-10）。

6.2.3　包装的印后加工工艺

包装的印后加工工艺是指印品完成印刷后进行的处理，可以分为对包装印刷品进行的表面加工和成型加工两部分。表面加工是为了提升包装的美观和品质，主要有上光、覆膜、烫印等加工工艺；成型加工主要有浮出、凹凸压印、模切等加工工艺。凹凸压印和烫印需局部加工处理，如果是拼版印刷必须待印刷后将其裁切成单件后再加工处理。

图 6-10　vivo 城市景观巧克力包装

巴西的巧克力品牌 vivo 的几种口味跟世界各国的特产有关，比如摩洛哥杏仁味、泰国椰子味、日本柚子味等。所以图 6-10 所示的包装上的插画就是这个国家的地标图案，比如摩洛哥的清真寺、日本的富士山。

■ **烫印** 又称热压印刷。是将需要烫印的图案或文字制成凸型版，借助于一定的压力和温度，使各种电化铝箔片（金、银和红、蓝、绿等金属色箔）印制到承印物上，产生闪烁的特殊效果，如在烫印部位再进行凹凸压印更能突出效果（图6-11）。

■ **上光** 上光又称罩光或过光。一般采用上光机、磨光机等在印刷品上覆上层罩光油或上光涂料，使之形成一层富于光泽的薄膜。它可以使印刷品增加光泽和美感，起到防潮防霉、抗摩擦和防化学腐蚀、替代覆膜的作用。印刷上光既可以满版上光，也可以局部上光。特别是自20世纪60年代发明UV（Ultraviole的缩写，即紫外线）上光以来，现在已经得到了普遍应用。利用UV照射来固化上光涂料的方法，既有助于纸印刷品光泽加工过程中诸多问题的解决，同时经上光后的印品废弃物可回收再利用或自行分解，是一种符合工艺发展方向、应用前景非常广阔的理想的上光工艺。

■ **覆膜** 即贴膜，是将涂有黏合剂的塑料透明薄膜与纸印刷品经加热、加压后使之黏合在一起。覆膜提高了印刷品的光泽度和牢度，既使印刷品表面更平滑光亮，图文颜色更鲜艳，同时也起到防水、防污、耐磨、耐折、耐化学腐蚀的作用。覆膜的透明薄膜分为亮膜和亚光膜两种，覆膜比上光的成本高，对印刷品的保护作用更好，但覆膜的印刷品给回收利用增加了困难，环保性差。塑料覆膜工艺在欧美等国家已属淘汰工艺，目前有些欧美国家甚至拒绝进口有塑料覆膜的各种包装物。因此，在上光可替代的情况下应慎用塑料覆膜工艺。

■ **浮出** 这是一种在印刷后，将树脂粉末撒布溶解在未干的油墨上，然后加热而使印纹隆起、凸出的特殊工艺。浮出印刷所使用的粉末有光艳的、无光泽的，有金色、银色、荧光色等，适用于高档礼品的包装。

■ **凹凸压印** 又称轧凹凸或凹凸印刷。是一种不用油墨而用凹凸两块印版在承印物表面压印产生凹凸现象的印刷工艺。通过凹凸印刷，可在原来印刷的图形或文字部分经上下阴阳模的压印，使压印部位突出或凹进纸面。

图6-11　百事可乐2017年上海时装周限量版包装

2017年上海时装周限量版的百事可乐瓶体底色是当时流行的"千禧粉"，蓝、绿色的芭蕉和棕榈叶的图案打造了一种热带的感觉（图6-11）。

■ **模切压痕**　又称压切成型、扣刀等，当包装印刷纸盒需要切制成一定形状时，可通过模切压痕工艺来完成。把有锐边的钢片（模切刀）弯成所需形状装到木块上（称为排刀）排成模框后制成刀模，在模切机上把承印物冲切成一定形状的工艺称为模切。利用钢线（压线刀）通过压印，在承印物上压出痕迹或留下便于折叠的槽痕的工艺称为压痕。模切压痕工艺大多是把模切刀和压线刀组合在同个模版内，在模切机上同时进行模切和压痕加工，因此简称为模压。目前利用现代激光切割技术制作模切版的方法有较广泛的应用。该方法是把所需模压的尺寸、形状及承印物的厚度等数据输入计算机，由计算机控制激光头的移动，便可在木版上切割出复杂的图形，制成模切压痕底版。激光模压制作模切版不但可切割出几乎任意的形状和图案，而且速度快、精度高、误差小、重复性好。

6.3　数码印刷

随着高科技在印刷界的应用和数字化工作流程的发展，数码印刷省略了传统印刷工艺中许多耗时的步骤，为即时印刷和短版印刷提供了技术条件，带来了印刷领域的巨大发展和设计观念的革命。所谓数码印刷，就是将电子文件由电脑直接传送到印刷机，取消了传统印刷工艺中耗时耗资的分色、胶片输出、拼版、油墨的准备和校准等环节。它将印刷带入了一个最有效的方式：从输入到输出，整个过程由一个人控制，实现一张起印，特别适合印刷数量少但品种多的印刷品。数码印刷具有以下几个典型特征。

（1）数字印刷过程是从计算机到纸张或印刷品的过程，即直接把数字文件转换成印刷品的过程。

（2）数字印刷最终影像的形成过程一定是数字式的，不需要任何中介的模拟过程或载体的介入。

（3）数字印刷品的信息是可变信息，即相邻输出的两张印刷品可以完全不一样，可以有不同的版式、不同的内容、不同的尺寸，甚至可以选择不同材质的承印物。如果是出版物的话，装订方式也可以不一样。由于在印刷前期省略了分色、拼版、制版等过程，使设计师可以从电脑图像中直观地看到自己最终所要的印刷效果，这将增添意想不到的实验空间。因此，数字印刷针对的是个性化的按需生产市场，即主要适用于以个性化印刷、可变信息印刷、即时印刷为特点的"按需印刷"。由于数码印刷所具有的灵活性和经济性，作为一项涵盖了印刷、电子、网络、通信的综合性技术，数码印刷将成为21世纪全新的印刷模式。

互联网时代的到来给印刷业带来了新技术发展的机会，为印刷业实现全球化、数字化流程提供了条件。传统印刷业在当代数字技术与计算机网络技术的冲击下，发生了重大的变革和质的飞跃。计算机直接制版、色彩管理及网络技术等新技术在印刷业都得到了应用，印刷周期和印刷量随着更先进的数字技术改进和个性化印刷的来临而缩减。

6.4 专题拓展

优秀案例分析（图 6-12 ~ 图 6-14）

图 6-12　Pentawards 2018 获奖作品 Delicata "日常乐趣" 巧克力包装

图 6-13　Delicata "爱尝试新口味的人" 巧克力包装

　　Delicata 创立于 1926 年，作为传统巧克力生产商，因其合理的价格和优良的品质而获得了长期的良性发展，然而消费者对这个品牌的认知度和偏好度都很低。此次包装的转型将改变品牌的定位，与巧克力类别中的顶级品牌竞争。利用趣味性的颜色和图形，动感、时髦的系列包装将帮助产品从货架上脱颖而出。

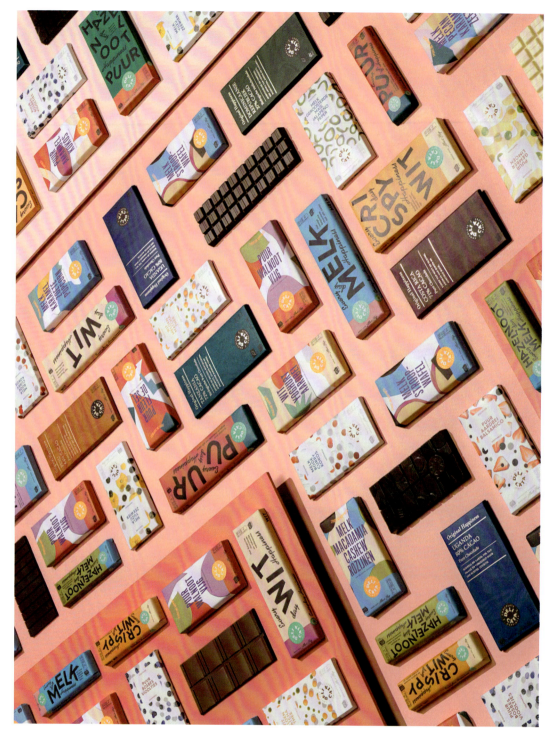

图 6-14 Delicata 巧克力四类不同风格的包装

　　Delicata 品牌把产品分成四类，针对的是不同类型的吃巧克力的人：日常吃、巧克力发烧友、爱尝试新口味的人、追求纯粹的人，然后针对这些特点设计风格迥异的包装。第一种"日常乐趣"是最活泼的，包装上的字母颠倒、漂浮，配上明快的颜色；第二种"狂热乐趣"的包装要讲究一点，使用的是手工纸，有更厚实的质感，包装上是剪纸图案；第三种"冒险乐趣"的包装是比较清新的，包装上有代表不同口味的图案，种类丰富；第四种"原味幸福"做得最符合定位，用单色的包装纸、大理石纹理、金色的标识和字样，一看就很精致。

6.5 思考练习

■ 练习内容

1. 收集市场上的某一款包装并分析其使用了哪些印刷工艺?

2. 阐述丝网印刷原理,并尝试制作简易版的丝网印刷版。

■ 思考内容

1. 纸张的选用需要考虑哪些因素?

2. 印前制作需要注意的事项有哪些?

3. 印后有哪些加工工艺以及各种工艺的特点是什么?

简易丝网印刷制作图示:

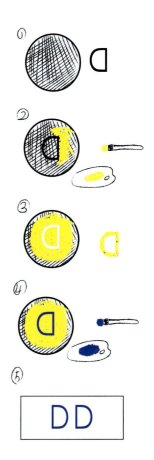

(1) 将丝袜套在绣花框上,并准备好要印刷的纸质图案;
(2) 用丙烯颜料画出图案负面;
(3) 将纸质图案拿掉,等待丙烯颜料干透;
(4) 将印刷版放到想要印刷图案的织物上,并涂刷上织物颜料;
(5) 等待印刷图案晾干即可。

扫一扫了解更多案例

第 7 章　包装设计的应用规律

内容关键词：

系列化包装　应用规律

学习目标：

- 了解系列化包装的理念和传达形式

7.1 系列化包装设计

- 同样式不同色彩的设计
- 同样式不同图形的设计
- 同类商品造型不同的设计
- 内外包装一致的设计
- 同品牌手法一致的设计
- 不同类商品的组合设计

7.2 各类商品包装设计应用规律

- 食品类
- 化妆品类
- 医药/保健品类
- 儿童产品类
- 酒和饮料类
- 礼品与旅游纪念品类
- 综合类

7.3 专题拓展

- Pentawards 白金奖 RICE MAN

7.4 思考练习

- 如何理解系列化包装设计？
- 系列化包装对产品市场营销起到的积极作用有哪些？
- 同类商品包装之间有何殊同点？如何呈现品牌的个性特色？

7.1 系列化包装设计

系列化设计是商业设计的重要手段。系列化包装是"针对企业的全部产品,以商标为中心,在形象、色彩、图案和文字等方面采取共同性的设计,使之与竞争企业的商品容易识别"(《日本包装用语辞典》)。现代市场上商品众多,在消费者难以记住品牌名称和外观特征的情况下,商品的系列化包装设计是一种家族化处理的手法,它给人的印象深刻并能够形成视觉上阵容强大的统一感,是创立品牌、吸引顾客和促进销售的强有力手段。

7.1.1 同样式不同色彩的设计

同一品牌的同种产品,造型统一,图案或形象统一,文字的排列一致,只是色彩有变化。此类系列化包装整体感强,应用十分广泛,如五金、电子、食品、洗涤用品、旅游工艺品等,而掌握好产品品位、特质与微妙的内在因素,处理好色彩的对比与调和关系,是色彩变换的重要条件(图 7-1 ~ 图 7-3)。

图 7-1　咖啡包装设计

美国 Intelligentsia 咖啡豆包装设计,新的设计通过专业化的视觉表达使产品形成一个组合,并且彼此之间建立更清晰的视觉联系,同时又区别于当今复杂工艺下的美学(图 7-1)。

图 7-2 WALKER BROTHERS 康普茶饮料包装设计

使用颜色的不同来区分每款饮料的口味,黄色会让人轻易联想到柠檬味或橘子味。四款饮料的颜色搭配也非常漂亮,颜色相互对比更容易吸引消费者的眼球,从而促进销售(图7-2)。

图 7-3 h&h 葡萄酒包装设计

在图 7-3 所示的葡萄酒的包装设计中,包装从外形、文字排版到图案应用都是一样的,但每个瓶子的色彩都不一样。设计师用颜色来区分口味,是在包装设计中比较常见的设计表现手法。这样的设计有利于消费者的辨识,在货架上一眼就能找到自己想要的口味或产品。

7.1.2　同样式不同图形的设计

同一品牌的不同产品，造型不变，色彩基调、文字品名相同，主要通过变化主画面的方法加以区别，如利用不同的系列彩色摄影、装饰图形、卡通图形、几何抽象图形等方法进行设计（图 7-4）。

图 7-4　糖果包装设计

同样式不同图案，本系列包装共有四款，每一款的构图都是相同的，文字的排列、包装的造型等都是相同的，不同的是每一款都应用了不一样的图案来进行区分。图案的应用也是根据不同的口味而设计的（图 7-4）。

7.1.3 同类商品造型不同的设计

同一品牌、同一大类的不同产品，其造型不一，采用整体风格一致的系列化设计。如化妆品类的香水、粉霜、眉笔、唇膏等；又如同一品牌饮料的瓶、罐、杯等。造成这类设计的统一感有一定的难度，但抓准色彩、文字、图形的系列化处理还是可以在变化中获得一致性的效果（图7-5、图7-6）。

图7-5　Every Body Skincare 护肤品包装设计

整个设计是以文字为主，没有过多的图案和鲜艳的颜色。红色的主要信息文字便于消费者购买识别。根据不同产品的使用功能而设计不同的容器包装，整体风格统一，便于识别（图7-5）。

图7-6　GREEN CONUT 洗护用品包装设计

图7-6所示的包装设计采用明朗精致的风格，加上吸引眼球的花纹与色彩应用，根据产品的类型，对包装进行造型、规格、大小不同的设计。这样的设计能保持统一的设计风格，起到美观的视觉效果，并且也有利于消费者的选购。

7.1.4 内外包装一致的设计

同一种商品中包装与小包装的构成、图形、色彩、文字完全相同,只是由于尺寸比例的不同而使构图稍有变化。这类包装设计的配套处理较为单纯,进行相应的移植即可获得统一的效果(图7-7)。

图 7-7　Soft Touch 彩妆包装设计

为了同时满足 Soft Touch 护肤和美妆两条产品线的设计需求,Shake Design 利用其品牌名创造了一套视觉语言。不同的产品线用不同的配色方案来区分:美妆线对比更强,更大胆锐利;护肤线则更柔和,更清爽,体现温馨。无论是彩妆产品还是护肤品的包装,外包装和内包装的包装手法是一致的,这种设计手法容易识别与销售(图7-7)。

7.1.5 同品牌手法一致的设计

同类商品的规格、色彩、造型都有变化，只有品牌名称不变，可用一致的表现手法将此类包装统一起来。如同一个厂家生产同一品牌的全部产品，需形成统一的风格，这一结果取决于在产品开发阶段就必须对产品设计、包装形态、材料与视觉传达设计上设定整体概念，并按照这一概念去实施每一件包装的设计方案。此类变化新颖别致，造型有变化，趣味性强，有较强的吸引力（图7-8）。

图7-8 儿童产品包装设计

这款儿童快餐产品包装针对每一款食物分别采用了不同的规格，每一款包装的形态以及色彩都是不一样的。这样的设计给包装带来了趣味性，独特的造型与明亮的色彩可以引起儿童的注意与喜爱。整个系列包装图案、文字、版式都有所不同，但颜色和设计手法的运用是一样的，所以整个设计看起来还是变化中具有一致性。

7.1.6 不同类商品的组合设计

同一品牌不同类别的相关产品可以进行配套设计。如旅行用化妆品、牙膏、牙刷、香皂等，作为礼品的咖啡、伴侣、杯、勺、糖与营养滋补品等。由于数件产品属同类品牌，在单位产品造型、材料、色彩与包装中应该体现为统一风格，因此外包装的设计只要在这些因素中保持一致，就较易取得系列感。综上所述，在系列化包装设计的诸多因素中，商标、表现技法这两项是不能改变的，只能改变色彩、造型、规格、位置等可变要素（图7-9）。

图7-9 FRUIT食品包装设计

FRUIT以水果类做成的食品为主有果汁、果茶、水果干、水果曲奇。明亮的色彩、抽象的水果图案会成为年轻人的最爱。整个设计中，产品的品牌名称没有改变，但针对每一种产品都设计了不同的包装形式（图7-9）。

7.2 各类商品包装设计应用规律

7.2.1 食品类

食品是消费市场的主要商品，食品包装可以反映一个国家的商业发达程度。成功的食品包装可以通过视觉传递，刺激消费者的味觉。在现代食品包装中，品质化与健康成为设计追随的新理念。食品类商品最讲究清洁卫生、营养丰富、鲜美适口，这一般也是它的商品特点。它的包装装潢应充分体现使顾客"望而生津"，引起食欲这些特点。食品本身的形态更易让人产生味道的联想，所以对食品类的包装设计，尽量采取透明或开窗形式；必要的装潢画面，也尽量用彩色照片或用写实的"专业水粉"画出商品的逼真形象（图 7-10 ~ 图 7-14）。

图 7-10　BUTTER BIKE CO 花生酱包装设计

这款花生酱包装设计与其口味一样富有创意和多彩 (图 7-10)。每个包装图案上的不同胎面印记很有吸引力，营造了独特的外观效果，为包装市场提供了差异化。

图 7-11　英国 Seaspoon 海藻食品包装设计

海藻是生长在海中的藻类，是植物界的隐花植物，因为它本身特有的营养物质，所以被打造成为一种营养丰富的健康食品。设计师创造性地将海藻与人物结合成为时尚风格插画（图 7-11）。

图 7-12 verante 咖啡包装设计

图 7-12 采用了漂亮的色彩搭配与不同风格窗子的应用。

图 7-13 Stacy's Rise Project 皮塔饼包装设计

该品牌为了庆祝、推进和支持女性企业家推出的限量版包装,邀请了世界各地的女性艺术家共同绘制插图印在包装上(图 7-13)。

图 7-14 Harvy 食品包装设计

Harvy 食品的包装设计师希望通过一些小小的暗示来唤起人们与自然的联系。采用插画的形式,用小刺猬与食材的互动来展现这种与自然的亲近感,活泼且有趣。单色的形式让包装看起来依然纯净、简洁(图 7-14)。

7.2.2 化妆品类

在所有商品中，化妆品是独一无二的，消费者对它的精神需求高于实际物质需求，这正如雷夫伦的创始人查尔斯·雷夫森所说："在实验室我研究的是化妆品，在商店我卖的是梦。"因此，化妆品包装更应重视与消费者情感上的交流，包装设计要体现出美丽、时尚、独特的风格（图 7-15、图 7-16）。

图 7-15　护肤品包装设计 1

图 7-16　护肤品包装设计 2

7.2.3 医药、保健品类

医药、保健品与人的健康和安全息息相关，因此在设计该类产品包装时，必须遵守政府卫生机关的法令、法规。此外，医药、保健产品为了传达安全可靠、快捷有效的作用，体现其实际功效并给人心理安慰，设计时应色彩明朗，图形宜单纯化，字体要简洁化，不宜设计得复杂、花哨（图 7-17 ~ 图 7-21）。

图 7-17 welly 急救医护用品包装设计

充满活力的色彩以及插画图案，使人一眼就能发现。整体设计色彩饱和度高，但图案和文字的排列简单明了，不烦琐，方便在使用的时候快速读取信息。这款包装以插图的形式展现，不会让人感到压抑，和以往的药品包装有所区别（图 7-17）。

图 7-18 药品包装设计

以黑色和果绿色为主，两种颜色搭配产生强烈的对比效果，吸引眼球。包装没有过多的图案，以几何形状拼贴的方式展现。整个包装色彩鲜明，整洁大方（图 7-18）。

图 7-19　色彩鲜艳的 FN 保健食品包装设计

图 7-20　Sawubona 保健食品包装设计

Sawubona 保健食品包装设计，品牌名称是 Sawubona。这是一个用于问候的词语，比如"早上好"，字面意思是"我看到你了"。这种关心就像爱一样，复杂而又美丽。设计师通过笔墨的抽象美感来表达这种美（图 7-20）。

图 7-21　Rite Aid 药品包装设计

7.2.4 儿童产品类

儿童产品涉及面很广泛，如食品、玩具、服装、文化用品等。商品的形态变化较大，所以包装形式多种多样。为了适应儿童的心理特点，采用各种异形或模拟式包装比较受欢迎。在包装装潢设计上，为了满足儿童好学、好奇、好动的心理特征，应具备通俗、活泼、新奇、富有趣味的特点。一般可采用一些儿童画作装饰图案或是用拟人法，如卡通的动物、人物、数字、景物等，从而引起儿童们的喜爱（图 7-22~图 7-26）。

图 7-22　时尚品牌 ZARA 出品的儿童香水包装设计

图 7-22 所示的包装的外形是笔筒的形式，通过旋转底部可以更换包装上小熊图案的眼睛。这样的包装会激起小朋友的好奇心理，在符合包装要求的同时具有趣味互动性。这么好玩的包装，孩子一定爱不释手。

图 7-23　Na-kpn 儿童用品包装设计

图 7-23 所示的包装是以插画的形式来表现，色彩采用了清爽的绿色。这款瓶身是白色，搭配绿色的标贴图案，给人一种干净、清爽、温和的心理暗示。绿色会使人联想到大自然，说明这款产品是自然有机的，不会对儿童身体造成伤害的温和产品。

图 7-24　Superdrug kids 包装设计卡通趣味儿童护肤品

图 7-25　ByMyself 儿童牛奶粥概念包装设计

图 7-24 中的包装上的动物图案会吸引儿童的注意，每个图案都是动物在洗澡，所以对于不认识字的儿童来说也能很快明白这款产品的功能。

图 7-25 中的包装采用了插画的形式表现，根据每个年龄段的儿童设计了不一样的颜色，以便消费者区分。

图 7-26　MAITO 牛奶饮品包装

图 7-26 所示的包装采用儿童绘画的风格作为视觉图案。收集多个包装可以进行任意组合，就会产生让人惊讶的视觉效果。这样的设计会很大程度吸引儿童的兴趣，在一定程度上帮助增添对牛奶的兴趣，也能促进销售。儿童在组合牛奶包装的时候，各种奇妙的图案也能帮助他们开发想象力。

7.2.5 酒和饮料类

酒和饮料是饮食文化中的重要成员，因此在设计时要传达一种文化品位。另外，酒和饮料都涉及一定的容器，其包装材料、容器造型以及瓶标设计均应体现商品的个性特征和品牌气质（图7-27~图7-38）。

图7-27　希腊Ouzo饮品包装设计

图7-27中的包装图案上使用了希腊传统中和文化密切相关的图像和符号，插图的基调虽然受到古代黑色船只的启发，但却保留了另一种生动的美学规范。

图7-28　"wine as a living thing"酒包装设计

该设计荣获2018The Dieline Awards杰出设计奖。

Mitchelton Preece Wines 除了在概念上是"wine as a living thing"，最重要的是记载了每种Preece葡萄酒的本土数据，每种葡萄酒都在标签上记载葡萄品种、环境、花期、采收期以及降雨量和气温值等，因此每种标签都是独一无二、不可重复的（图7-28）。

图7-29　Viamic葡萄酒包装设计

设计师Jord根据自己的葡萄酒理念，为年轻人打造一系列经济实惠的生态葡萄酒，树立品牌形象和概念。设计师认为你不需要特殊的知识来欣赏葡萄酒，如果你喜欢葡萄酒，那就足够享受它了，个人的葡萄酒体验是最重要的。这个想法引导创建了"Viamic"（酒友）品牌，每种酒都有一个朋友的名字，如好朋友、老朋友、隐形朋友、虚拟朋友（图7-29）。

包装设计的应用规律 ‖ 第 7 章

图 7-30　获得 2019 日本 JPDA 金奖作品

图 7-30 中的包装是通过剪纸的形式体现的，整体色彩是米白色，给人一种典雅清新的感觉。

图 7-31　ECOU 葡萄酒包装设计

图 7-31 中，较低饱和度的色彩应用，加上速写人物与葡萄园插图，整体风格淡雅清新。

图 7-32　WEST Brewery 啤酒包装设计

位于格兰拉斯 WEST Brewery 品牌制作了一套令人惊叹的啤酒包装，每款包装都由黑色、白色、红色和金色构成（图 7-32）。

169

图 7-33 澳大利亚 Calm & Stormy 调味水饮品包装设计

图 7-34 ECOUDROP 咖啡包装设计

Calm & Stormy 的水源来自维多利亚州中部高地的休眠火山深处的泉水,在制作过程中与果汁混合。Calm & Stormy 旨在帮助人们过上更健康的生活方式(图 7-33)。

图 7-34 中的设计采用了典型的扁平化图形处理,色彩鲜明,配上深颜色的瓶子,两者形成鲜明对比,吸引消费者眼球。鲜明的色彩也会增加购买者的食欲。

图 7-35 VARKA 啤酒包装设计

图 7-35 所示的这款包装主要采用插画的手法表现,并且通过不同的色彩代表不同的口味。插画所描绘的是生活中的场景,配上鲜明的色彩,给人一种轻松明朗的生活态度。

图 7-36　创意红酒包装设计

图 7-37　Unblackit 牛奶包装设计

将瓶身设计成心脏的模样，瓶子里的红酒犹如血液，整个设计给人一种大胆新奇的感觉（图 7-36）。

Unblackit 牛奶包装在牛奶瓶身外面包裹了一层黑色的纸，使消费者无法直接看到产品，给牛奶增添了几分神秘感，引起消费者的好奇。撕开外面的纸层可以看到牛奶瓶。这类装饰提升了消费者和产品之间的互动性，并且也为产品增加了趣味性（图 7-37）。

图 7-38　啤酒包装设计

黑暗的过去可能是快乐的，预期的未来可能是黑暗的，黑暗的过去装在明亮的瓶子里，光明的未来装在黑暗的瓶子里，反映了对过去和未来的态度。瓶盖设计为整体增加了互动趣味性，撕开封条，掰起盖子，亲手打开瓶子里光明的未来，寓意着幸运、美好（图 7-38）。

7.2.6 礼品与旅游纪念类

中国自古以来就有互相赠送礼品的习惯，所以对礼品包装都很重视。旅游纪念品也可以赠送亲朋，但比一般礼品包装更带有强烈的地方特色，更具有纪念意义。市场上的糖果、食品、酒、茶、日用品、文化用品、纺织品、工艺品、化妆品和儿童玩具等都有专作礼品和旅游纪念品用的商品包装。礼品包装和旅游纪念品包装的设计特点是一般不强调商品性。包装展销面的图案，可以选用与商品本身无关的题材，如选用优美的风光彩照、世界名画、抽象构成图案等（图 7-39～图 7-41）。

图 7-39　中国香港 Lilian Tang Design 为聘珍楼（Heichinrou）餐饮集团设计的中秋节月饼礼盒包装

图 7-40　越南 Xuan Khúc 蜜饯水果礼盒包装设计

图 7-41　月饼礼盒包装设计

7.2.7 综合类

综合类包括五金、电子、娱乐、文教等产品的包装。这类产品的包装多以产品的诉求点为设计理念，要体现出高品质和高科技含量的内涵。设计时可采用大胆、明朗、时尚的设计风格，通过包装的可视性传达产品的可靠性（图 7-42 ~ 图 7-48）。

图 7-42　port 空气清新剂包装设计

图 7-43　色彩清新好看的 SOPHIA's 茶品牌与包装设计

图 7-44　COTTy 棉制品形象与包装设计

图 7-45　The Great Electronic Swindle 唱片封套包装

图 7-44 中的包装上使用的字体看上去柔和、软软的就像棉花一样。这些棉制品主要针对年轻女孩化妆时使用，所以选用的色彩是亮丽柔和的，看起来干净且充满活力。

图 7-45 中的包装采用波纹感扭曲的字体为唱片增加了强烈的视觉个性。

图 7-46　指甲油包装设计

图 7-47　RISTON Tea 茶冬季假日主题包装设计

每瓶指甲油都是一个单独的个体，瓶口和瓶底采用了凹凸设计，运输和收藏的时候可以把它们衔接在一起（图 7-46）。

图 7-48　Myro Refillable Plant-Powered Deodorant 止汗膏包装设计

Myro 是一款可回收再填充、多次使用的止汗膏。图 7-48 所示的包装外观采用了多面体的造型设计，可以增加手在抓取时的附着力，并防止止汗膏在翻倒时滚动。除了包装功能强大外，它的外壳也很耐用，甚至还可以用洗碗机清洗之外，止汗膏还适用于全性别，包装有五种中性色可供选择。全球领先的独立市场研究咨询公司英敏特，在发布未来全球包装行业流行趋势提到，随着环保理念不断深入，越来越多的消费者认为再生包装是常规标准。因此，品牌按照这一标准进行产品包装设计，在新包装中使用了可回收材料，这种做法不仅得到消费者对可回收包装的认可还助力品牌在包装行业中脱颖而出。

7.3 专题拓展

优秀案例分析（图 7-49 ~ 图 7-51）

图 7-49　2019 Pentawards 获白金奖作品 RICE MAN 1

　　该日本大米包装，一改传统的麻袋装，采用简约的黑色图线在米袋上画出稻农们的面部表情：自信、骄傲、满足、同情、疲倦等，通过稻农们的不同情绪状态，为产品包装赋予极强的感情属性。

图 7-50　2019 Pentawards 获白金奖作品 RICE MAN 2

设计师希望借此包装向那些在稻田里辛苦劳作的不知名人士致敬，以人性化的方式展示大米生长中的趣味性，跟消费者建立情感连接。

图 7-51　2019 Pentawards 获白金奖作品 RICE MAN 3

整个设计共选取了两种形式的包装，一种是高大型的米袋子，从外观上简单明了地告知消费者大包装袋里装的是大米粒；另一种是矮小型的米袋，告知消费者里面装的是短米粒。

7.4 思考练习

■ 练习内容

1. 对某品牌或产品的系列化包装设计的形式和产品境域进行分析，以 PPT 的形式呈现。

2. 在市场中找出一款你认为比较成功的系列化包装，分析总结其包装特色，并借鉴其经验为某品牌设计一套系列化包装。

3. 运用不同的设计思维方法进行系列化妆品容器造型设计。最终选择三件较理想方案绘制成效果图，并制作出立体包装形态及绘制出结构图。

■ 思考内容

1. 如何理解系列化包装设计？

2. 系列化包装对产品市场营销起到的积极作用有哪些？

3. 同类商品包装之间有何殊同点？如何呈现品牌的个性特色？

扫一扫了解更多案例

◆ 参考文献 /reference

[1] 曾敏. 包装设计 [M]. 重庆：西南师范大学出版社, 2018.
[2] 张立. 包装设计 [M]. 北京：中国纺织出版社, 2011.
[3] 殷石. 包装设计 [M]. 合肥：安徽美术出版社, 2015.
[4] 金旭东，欧阳慧，谢丽. 包装设计 [M]. 重庆：中国青年出版社, 2012.
[5] 刘卉. 包装设计 [M]. 上海：东华大学出版社, 2010.
[6] 张大鲁，吴钰. 包装设计基础与创意 [M]. 北京：中国纺织出版社, 2006.
[7] 王广文. 包装设计 [M]. 北京：人民美术出版社, 2010.
[8] 高中羽. 包装装潢设计 [M]. 哈尔滨：黑龙江美术出版社, 1996.
[9] 张犁. 浅谈我国的包装设计及未来的发展方向 [J]. 消费导刊，2009.

后记

包装设计作为平面设计的入门基础课程，不仅是为相关从业人员进行包装产品设计提供各种视觉审美指导，还是以沟通读者和市场，并取得一定的文化启示效应为目的。本书编著的宗旨是为读者搭建更全面的知识体系，同时能够开拓阅读视野，为读者实际创作提供方法与途径。

该书是在包装设计教学、研究与实践的基础上编纂完成的。书中图例主要来自世界各地最前沿、经典的优秀案例，一部分则选自优秀学生作品。在此感谢所有案例版权方、创作者，因为你们的创造与奉献让世界变得更美丽！

同时，仅以此书纪念我国著名的设计教育家、设计思想家、设计大师：清华大学美术学院已故教授高中羽先生。在他逝世十周年之际，愿他的在天之灵能感知到弟子们一直在秉承他的遗志，致力于推动中国的设计教育事业。

杨朝辉　王远远　张磊
2020 年 5 月于苏州大学艺术学院